普通高等教育规划教材
教育部教研教改项目规划教材

宝玉石

Gemstone
Identification and Appraisal

鉴定与评价

李 耿 编著

化学工业出版社

·北京·

作为宝石学的入门教材，《宝玉石鉴定与评价》通过鉴定和质量评价（欣赏）两个部分，分别回答人们在日常见到宝石时常问的两个问题：是真的宝石吗？值钱吗？由此切入，引导读者学习。教材的最主要特色为全部使用编著者自己拍摄的图片直观展示宝石的特征，并全彩色印刷，深入浅出，力求知识性与趣味性的统一；着重强调肉眼等条件下对宝石的基本鉴定和质量评价。本教材分为入门和进阶两个部分，第1~8章内容为肉眼鉴定与质量评价，第9章内容为进阶选学的实验室鉴定部分，分别针对初学者和深入学习者。本书首先介绍了宝石的基本概念及分类、宝石鉴定的原理、肉眼鉴定宝石的方法，然后分别对钻石、有色单晶宝石、玉石、有机宝石做了详细介绍，最后介绍了宝石的评价和实验室常规鉴定仪器及使用，附录收录了常见宝石的参数、商业名称等，方便学习者查找。

本教材适合作为高等学校相关课程的配套教材，也适合从事宝玉石相关工作的人员及对宝玉石感兴趣的读者阅读参考。

图书在版编目（CIP）数据

宝玉石鉴定与评价 / 李耿编著 . —北京：化学工业出版社，2015.9（2024.6重印）
普通高等教育规划教材
ISBN 978-7-122-24656-1

Ⅰ.① 宝… Ⅱ.① 李… Ⅲ.① 宝石 - 鉴定 - 高等学校 - 教材 ② 玉石 - 鉴定 - 高等学校 - 教材 Ⅳ.① TS933

中国版本图书馆 CIP 数据核字（2015）第 162113 号

责任编辑：窦 臻 文字编辑：林 媛
责任校对：王素芹 装帧设计：关 飞

出版发行：化学工业出版社（北京市东城区青年湖南街 13 号 邮政编码 100011）
印 装：北京瑞禾彩色印刷有限公司
787mm×1092mm 1/16 印张 14 字数 358 千字 2024 年 6 月北京第 1 版第 6 次印刷

购书咨询：010-64518888 售后服务：010-64518899
网 址：http://www.cip.com.cn
凡购买本书，如有缺损质量问题，本社销售中心负责调换。

定 价：59.00 元

前 言

很多人拿到一块美丽的石头或宝石饰品时，常常会问：这是真的么？值钱吗？第一个问题隐含的意思是希望能鉴别该宝石是否为天然、稀少的宝石品种？第二个问题则针对宝石的评价，意思是该宝石的质量如何？

这两个通俗的问题也正是本书所介绍的两个核心问题：如何鉴定宝石，并进行质量评价？

近几十年来，随着我国经济的蓬勃发展，宝石学这门新兴学科也越来越为大众所关注。笔者自2007年起开始主讲中国地质大学（北京）校内关于宝石鉴定的选修课，之后又开设了北京学院路教学共同体的宝石鉴定选修课，并录制了国家级视频公开课"宝石鉴定与欣赏"。虽然每年能参加该课程学习的学生有几百人，但依然有很多学生不能入选。不能入选的同学和通过视频学习的同学以写邮件、打电话等形式，咨询是否有教材供自己阅读学习。同时，在当前课堂教学中最突出的问题，也是缺乏合适的教材供入门学生阅读和课外延展知识。因此，笔者结合多年的教学和实践经验编著了这本《宝玉石鉴定与评价》。本书是课堂教学和视频公开课"宝石鉴定与欣赏"及北京学院路教学共同体选修课程"宝玉石鉴定与评价"的配套教材，可以配合教师上课讲解，或跟随视频公开课学习，也适合具有高中文化程度的读者自学。

在国际上，优秀的入门课程教材，并不是以精、深为目标，而是首先引起学习者的兴趣，激发学习热情和共鸣，传授基本原理和方法，打下良好基础，以方便学习者进一步自学或深造。本书也正是秉承这一宗旨，希望能引起初学者的兴趣，为学习者建立良好的宝石观察习惯，并为进一步深入学习奠定良好基础。

在内容上，本书主要以宝石学研究的基础——肉眼观察为主要手段，观察、鉴定区别和评价宝石。肉眼观察是宝石鉴定的最重要环节和质量评价的最主要依据，是非专业人士最重要的鉴定环节和初学者最应该掌握的内容，但也是在国内专业教学中最容易忽视的环节。对于任何鉴定人员来说，肉眼观察都是必不可少的，因为在野外和珠宝交易市场实际鉴定中，不可能携带所有的鉴定仪器。通过对宝石光学特征、力学特征以及特征包裹体等的观察，可以缩小未知宝石品种的范围或鉴定出常见的宝石品种，并可对宝石的质量进行评价。

在形式上，本书力求直观立体，多图多表，图文并茂，做到易读易学。在国际现代宝石学教学中，独具一格和受到欢迎的教材，无一不是使用了"人无我有"的典型样品图片，而国内很多教材还处于转载、复制他人图片的尴尬局面。笔者多年来一直收集选择典型样品并拍照，本书中图片也正是笔者亲身

经历和选择的典型样品并拍照得到，避免了转抄。在选择样品和拍照过程中，并不以唯美为目标，而是以典型特征为目标，希望尽可能真实地传递信息和客观地记录，同时也希望通过笔者本人亲身经历的宝石标本进行教学，能更好地拉近与学习者的距离，产生共鸣。

此外，本书在学习内容上设置为学习和选学部分，选学部分可以满足学生进阶自学的需要，也可作为专业学生实习的指南。本书的1~3章为全书的基础；4~8章，将宝石分为钻石、有色单晶宝石、玉石和有机宝石四部分详述；第9章仪器部分为进阶部分，属于选学内容；附录为常见宝石的参数、商业名称等，方便学习者查找。

本书从构思到出版，得到了中国地质大学（北京）蔡克勤教授等人的鼓励和不懈支持，在此表示衷心感谢！

由于时间仓促，书中难免有纰漏和不足，请读者批评指正！

李耿

2015年4月

目　录

3 肉眼鉴定宝石的方法 / 034

4 钻石 / 046

5 有色单晶宝石 / 064

6 玉石 / 123

7   有机宝石 / 157

8　宝石的评价 / 174

9 宝石实验室常规鉴定仪器的使用 / 181

附录 / 193

参考文献 / 212

1

宝石定义、命名和分类

1.1　宝石的概念

当你拿到一颗宝石时，有没有问过自己：究竟是哪些方面吸引了你？当你在旷野或河谷里捡到一块美丽的石头，有没有过"这是宝石吗"的疑问？这样的疑问也就引出了一个宝石学上的关键问题：到底什么样的材料可以被称为宝石呢？

珠宝玉石简称宝石，其广义概念是泛指一切经过琢磨、雕刻后可以成为首饰和工艺品的材料，是对天然宝石和人工宝石的统称。狭义概念是：自然界中，色彩瑰丽、晶莹剔透、坚硬耐久、稀少，并可琢磨、雕刻成首饰和工艺品的矿物、岩石和有机物。

什么又是矿物和岩石呢？矿物就是由地质作用形成的天然单质或化合物，具有固定的化学组成，固态者有确定的内部结构，在一定物理化学条件下稳定。岩石是由地质作用形成的同种或多种矿物的集合体。简单地说，矿物组成了岩石，许多小的同种或不同种矿物在一起组成了岩石。以石英为例来说，单个矿物可以较小，如图1-1-1所示石英晶体；也可以很大，如图1-1-2所示的就是重达1120kg的大石英矿物晶体；单个石英矿物还可以很小，很多小的石英矿物可以与长石等矿物一起，组成花岗岩，见图1-1-3。花岗岩一般不用作首饰，在日常生活中常用作室外的台阶、地面等装饰用途。很多细小的石英矿物集合在一起可以组成石英岩，如图1-1-4所示的东陵玉就是石英岩的一种。石英岩可以用作宝石，也可以应用到家居厨房装修，被用作灶台等。更细小的石英矿物组成玛瑙，其颗粒肉眼甚至10倍放大条件下也无法分辨，见图1-1-5。

由此可见，用作首饰装饰用途的美丽矿物就是我们常说的宝石，用作首饰装饰用途的美丽岩石就是玉石。

图1-1-1　石英矿物晶体

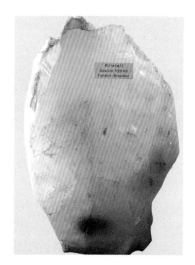

图1-1-2　石英矿物晶体

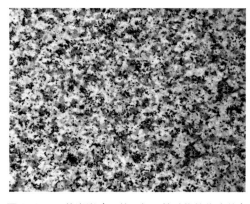

图1-1-3　花岗岩（石英、长石等矿物的集合体）

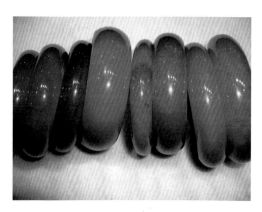

图1-1-4　石英岩玉（石英矿物集合体）

图1-1-5　玛瑙（石英矿物集合体）

　　一般来说天然珠宝玉石更容易获得大众的认可。世界上天然形成的矿物约3000多种，而可作宝石材料者只有200余种，其中主要的常见宝石仅有20余种。作为宝石需要具备什么样的条件呢？一般认为，宝石需要具有美丽、耐久和稀少的特点，也有人认为宝石还应该具有可接受性，见图1-1-6。

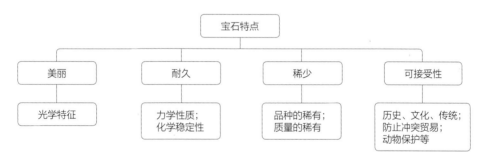

图1-1-6　宝石的特点

（1）美丽

　　美丽是宝石最重要的特点，也是吸引大众的最主要的因素。美丽主要取决于宝石的光学特征，如颜色、亮度、净度、透明度、火彩、特殊光学效应等。

　　对于无色的钻石，其美丽主要来源于亮度和火彩，而除钻石以外的有色宝石的美丽主要来源于颜色。红色和绿色是宝石中最容易引起人眼视觉敏感的颜色，也是最受人喜爱的宝石颜色。对于颜色，并无一定之规，不同地域、文化背景的消费者有不同的颜色偏好。比如，白色的软玉（和田玉）是最受人喜爱、也是最为贵重的颜色品种之一。

　　另外，在东方的传统观念中，对和田玉的评价标准是"首德次符"，即和田玉的质地比颜色更重要。尽管翡翠有浓郁的绿色等颜色非常受人喜爱，但依然有"行家看种，外行看色"的说法，表明"种""水"好的翡翠在某种程度上更受偏爱。

（2）耐久

宝石的耐久性主要指宝石的力学性质（硬度、韧度等）和化学稳定性。

参观博物馆时，可以见到很多远古流传下来的宝石和珠宝首饰，这些宝石并没有磨损，它们之所以得以流传，很主要的原因就是具有好的力学性质和化学稳定性。

如果宝石不具有很好的硬度，那么过一段时间就会被磨"花"，美丽消失。比如很多比较便宜的闪亮发卡和衣服上的缀饰等，过一段时间就会不再闪亮，原因就是这些玻璃等材料的力学性质不好，不耐久。

化学稳定性同样也很重要。如石盐（NaCl）虽然美丽，如图1-1-7所示，可是遇水融化；一些矿物岩石含有水，当水挥发后，矿物岩石发"干"，变得不透明浑浊，不再美丽。图1-1-8所示的"黄龙玉"（石英岩），因其颜色和透明度都与水分子有关，在放置了1年半后，由于失水，原来的鲜黄色减弱，透明度降低，发"干"。

 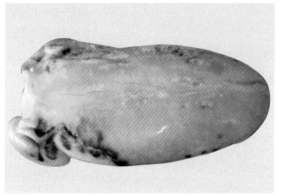

图1-1-7　石盐晶体　　　　　　　　图1-1-8　失水后的"黄龙玉"（石英岩）

（3）稀少

"物以稀为贵"，人们自古就追求稀有的物品，特别是宝石。对于宝石而言，稀少特性包含品种和质量的稀有性。

① 品种的稀有性　宝石品种的稀有性指像钻石、祖母绿、红宝石等宝石矿物在自然界的储量少、产出量少。每种宝石的形成都需要一定的物质供给、温度、压力等条件。比如钻石，其化学成分是C，在一定的高温高压下形成钻石，否则就是常见的石墨。钻石是在地幔150～300km的深度形成，当深于钻石形成的岩浆喷发时，将钻石带到地表。而开采250t围岩，才能得到1克拉（0.2g）左右的钻石。这些就决定了钻石的稀有程度很高。祖母绿是一种含铬的铍铝硅酸盐，铍元素一般存在于地壳，铬元素存在于地幔，在极偶然的地质活动条件下，含有铬元素的热液侵入到含有铍元素的岩石，形成祖母绿，因而祖母绿也很稀有。

部分矿物族较常见，但宝石亚种却稀有。如石榴石是一种常见的宝石品种，在世界各地均有产出，但是石榴石族矿物包含较多的宝石品种。其中暗红色、透明度较差的铁铝榴石很常见，价值较低；但是仅产在坦桑尼亚和肯尼亚的翠绿色铬钒钙铝榴石（也称"沙佛莱"）、具有亚金刚光泽的橙色锰铝榴石（也称"芬达石""橙色/橘色石榴石"）、具有金刚光泽的绿色翠榴石等石榴石品种产出量少，非常难得。

随着人们对自然界认识的进步以及科学技术的发展，以前很稀有的宝石品种变得不那么少见，如水晶、玛瑙、玻璃、养殖珍珠等。因为古代制作玻璃非常困难，所以在古代美丽的玻璃很贵；但是今天我们有大规模的工业化生产，玻璃的价格就相对便宜。在19世纪，珍珠的单位价格超过了其它一切的宝石和黄金，但是20世纪90年代中国淡水养殖珍珠的大规模上市，造成淡水养殖珍珠的价格开始慢慢走低；在2007年左右，中国淡水珍珠产量达到一千多吨，价格也随之进入低谷；2008年以后，产量减少，质量提升，价格开始逐渐提升。

② 质量的稀有性　宝石质量的稀有性是指虽然一些宝石品种很常见，但是质量好、完美的却依然稀有，例如：地幔存在大量的橄榄岩，通过岩浆喷发，带到地表的小颗粒淡黄绿色橄榄石也很常见，但大颗粒、深绿色、内部洁净的确属罕见。

另外，虽然一般淡水珍珠的价格相对比较低，但是大而圆的珍珠价格却很高，也相对稀缺，这正是其质量稀有性的体现。

（4）可接受性

可接受性主要指宝石是否符合人们长期以来形成的心理因素、道德价值观念等。珠宝并不是生活必需品，其消费主要建立在消费者的信心基础之上，因此宝石的可接受性对宝石也产生巨大的影响。

玉石在中国有超过8000年的使用历史，并形成了独特的玉文化，而在西方，其接受程度则远不如在中国，因此像翡翠、和田玉等玉石一般流行于东方。

"滴血钻石"虽然也是美丽、珍贵的钻石，但因为其来源于战争冲突地区，开采和贸易过程涉及战争、屠杀、童工等问题，遭到全世界有正义感民众的抵制，不愿佩戴和购买此类钻石，各国政府也都加入"金伯利进程"（Kimberley Process），阻断"滴血钻石"贸易。

此外，出于对动物保护等原因，许多国家都禁止象牙贸易，象牙交易会面临罚没和刑罚等处罚。象牙饰品如图1-1-9所示。

图1-1-9　象牙饰品

1.2　宝石的分类

GB/T 16553—2010规定，珠宝玉石（gems）简称宝石，是对天然珠宝玉石（包括天然宝石、天然玉石和天然有机宝石）和人工宝石（包括合成宝石、人造宝石、拼合宝石和再造宝石）的统称，见图1-2-1。

特别需要注意的是："珠宝玉石""宝石"不能作为具体商品的名称。

图1-2-1 宝石的分类

1.2.1 天然珠宝玉石

天然珠宝玉石（natural gems）指由自然界产出，具有美观、耐久、稀少性，具有工艺价值，可加工成装饰品的物质。包括天然宝石、天然玉石和天然有机宝石。在国外，将天然宝石分为钻石和有色宝石，有色宝石指除了钻石以外的其它珠宝玉石。

（1）天然宝石

天然宝石（natural gemstones）是指由自然界产出，具有美观、耐久、稀少性，可加工成装饰品的矿物的单晶体（可含双晶）。

在GB/T 16553—2010中，对宝石的定名规则是：直接使用天然宝石基本名称或其矿物名称。无需加"天然"二字，如"金绿宝石""红宝石"等。而欧美等国对于天然宝石，则需在宝石的英文名称前加"natural"，如红宝石，英文为"natural ruby"。

不参与定名因素如下：

① 在我国，产地不参与定名，如"南非钻石""缅甸蓝宝石"等；而国际上有些实验室对红蓝宝石、祖母绿、尖晶石等贵重单晶宝石进行产地鉴定，并在证书上予以注明。

在实际宝石商贸中，特定产地的宝石往往代表某一质量等级，但是也不可一概而论。如"缅甸红宝石"常代表颜色艳丽的高质量红宝石，但在产自缅甸的红宝石中，也有质量不高的。消费者常常喜爱"南非钻石"，产自南非的钻石也有颜色和净度较差的。因此还是要视具体情况而定。

② 不使用由两种天然宝石名称组合而成的名称，如"红宝石尖晶石""变石蓝宝石"等；"变石猫眼"除外，变石猫眼是指具有变色效应和猫眼效应的金绿宝石。

③ 不使用含混不清的商业名称，如"蓝晶""绿宝石""半宝石"等。

在宝石命名中，只有"红宝石"和"蓝宝石"这两种是"颜色＋宝石"的命名方式，并没有"绿宝石""紫宝石"等命名。

（2）天然玉石

天然玉石（natural jades）是指由自然界产出的，具有美观、耐久、稀少性和工艺价值的矿物集合体，少数为非晶质体。定名时直接使用天然玉石基本名称或其矿物（岩石）名称。在天然矿物或岩石名称后可附加"玉"字；无需加"天然"二字，"天然玻璃"除外。

定名规则如下：

① 不用雕琢形状定名天然玉石。经常可以见到的错误命名方式是"玉观音""玉佛""玉龙"等依据其形状定名的天然玉石。

② 不单独使用"玉"或"玉石"直接代替具体的天然玉石名称。"玉"泛指美丽的岩石。

玉石这一部分是最容易混淆的。从古至今，在很多中国人和外国人眼中，"玉"代表最为贵重的两种玉石品种：和田玉和翡翠。而事实上，玉石涵盖了很多品种，因此不能用"玉"来代替具体的宝石名称。如"玉观音"，极有可能被以为是"观音造型的翡翠或和田玉"，但这一名称可以包括观音造型的大理岩、岫玉或东陵石等。如图1-2-2所示，图中材料正确的命名为"大理岩"或"大理岩玉"，不能错误地依据其雕琢形状定名为"玉牛"或仅简单地称为"玉"。

（3）天然有机宝石

天然有机宝石（natural organic substances）是指由自然界生物生成，部分或全部由有机物质组成可用于首饰及装饰品的材料。养殖珍珠（简称"珍珠"）也归于此类。定名规则如下：

① 直接使用天然有机宝石基本名称，无需加"天然"二字，"天然珍珠""天然海水珍珠""天然淡水珍珠"除外。

② 养殖珍珠可简称为"珍珠"，海水养殖珍珠可简称为"海水珍珠"，淡水养殖珍珠可简称为"淡水珍珠"。如图1-2-3所示的淡水养殖珍珠，可定名为"淡水珍珠"。

③ 不以产地修饰天然有机宝石名称，如"波罗的海琥珀""日本淡水珍珠"等。

我国目前只对宝石品种进行鉴别并进行质量评价，对产地并不要求。在鉴定证书中也不以产地修饰天然珠宝玉石的名称，而国外很多宝石鉴定机构在能对产地进行判断的情况下，会列出产地。因为同样质量的某一宝石品种，如在某地产量较少，价格可能会比其它产量较多的产地的价格高。例如在欧洲市场上，产自日本的淡水珍珠因为产量少，比产自中国的淡水珍珠价格高。

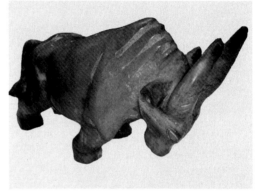

图1-2-2 大理岩玉

1.2.2 人工宝石

人工宝石（artificial products）是指完全或部分由人工生产或制造用作首饰及装饰品的材料。包括合成宝石、人造宝石、拼合宝石和再造宝石。

（1）合成宝石

合成宝石（synthetic stones）指完全或部分由人工制造且自然界有已知对应物的晶质或非晶质体，其物理性质、化学成分和晶体结构与所对应的天然珠宝玉石基本相同，如图1-2-4所示合成红、蓝宝石。合成宝石必须在其所对应天然珠宝玉石名称前加"合成"二字。

图1-2-3 淡水珍珠

图1-2-4 合成红、蓝宝石

定名规则如下：

① 不使用生产厂、制造商的名称直接定名，如"维尔纳叶（Verneuil）红宝石""查塔姆（Chatham）祖母绿""林德（Linde）祖母绿""毕朗（Biron）祖母绿"等。查塔姆、林德和毕朗等都是生产商或制造商。

不同方法合成的同一宝石品种，因为合成成本和合成数量的多少等不同，有的合成方法成本较低，合成速度较快，因此价格也较低，而有的相对较高。

② 不使用易混淆或含混不清的名词定名，如"鲁宾石""红刚玉""合成品""苏联钻"等。虽然俄罗斯出产优质的钻石，但"苏联钻"并不是指钻石，而是指20世纪80年代前苏联开始合成的一种材料——合成立方氧化锆。

（2）人造宝石

人造宝石（artificial stones）由人工制造且自然界无已知对应物的晶质或非晶质体。命名时必须在材料名称前加"人造"二字，如"人造钇铝榴石"，"玻璃""塑料"除外。定名规则如下：

① 不使用生产厂、制造商的名称直接定名。

② 不使用易混淆或含混不清的名词定名，如"奥地利钻石"等。奥地利并不出产高质量钻石，"奥地利钻石"常常指具有高折射率的铅玻璃，也被称为"水钻"。

③ 不允许用生产方法参与定名。

（3）拼合宝石

拼合宝石（composite stones）指由两块或两块以上材料经人工拼合而成，且给人以整体印象的珠宝玉石，简称"拼合石"。定名规则如下：

① 逐层写出组成材料名称，在组成材料名称之后加"拼合石"三字。如图1-2-5所示的蓝宝石拼合石，其冠部为深蓝色的天然蓝宝石，亭部为蓝色的合成蓝宝石，合成蓝宝石的颜色集中在细密的生长纹处。可以命名为"蓝宝石、合成蓝宝石拼合石"；或以顶层材料天然蓝宝石的名称加"拼合石"三字，即"蓝宝石拼合石"。

② 由同种材料组成的拼合石，在组成材料名称之后加"拼合石"三字，如"锆石拼合石"。

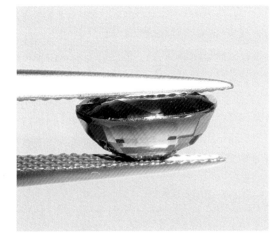

图1-2-5　蓝宝石拼合石

③ 对于分别用天然珍珠、珍珠、欧泊或合成欧泊为主要材料组成的拼合石，分别用拼合天然珍珠、拼合珍珠、拼合欧泊或拼合合成欧泊的名称即可，不必逐层写出材料名称。

（4）再造宝石

再造宝石（reconstructed stones）指通过人工手段将天然珠宝玉石的碎块或碎屑熔接或压结成具整体外观的珠宝玉石。在所组成天然珠宝玉石名称前加"再造"二字，如"再造琥珀""再造绿松石"。

1.3 宝石的优化和处理

宝石的优化和处理，在宝石学上也称优化处理，或改善。人们在远古时期，就开始对珠宝玉石进行优化和处理。远古时期，人类用氧化铁粉末对兽牙等装饰品进行染色处理。玛瑙的染色有上千年的历史。当前，很多优化处理的宝石品种流通在市场上，例如，约有90%以上的红蓝宝石经过热处理；祖母绿常进行浸无色油处理；绝大多数的蓝色托帕石是由白色托帕石经过高能射线辐照而得到。

1.3.1 优化和处理的方法与目的

优化和处理可以影响宝石的外观，如可以改变宝石的颜色，使原来颜色平淡的宝石，变得颜色浓艳或去除不理想的颜色；或掩盖裂隙，增加宝石的透明度等。

经过优化处理和没有经过优化处理具有同样外观的宝石，它们的稀有程度不同；有些优化处理后的宝石，性质稳定，并不发生变化，但是有些优化处理后的宝石，经过一段时间的日照、正常佩戴后，颜色、透明度和亮度等发生变化，并不如之前美丽。因此宝石鉴定中，除了需要鉴定出宝石是天然还是合成外，还需要鉴定天然宝石是否经过了优化处理，如图1-3-1所示。

既然优化处理如此重要，那么又有哪些优化处理的方法，其目的是什么呢？表1-3-1列出了宝石常见的优化处理方法和目的。

图1-3-1 宝石鉴定的步骤

表1-3-1 优化处理的方法与目的

序号	优化处理种类	方法	目的
1	热处理 （heating）	通过人工控制温度和氧化还原环境等条件，对样品进行加热	改善或改变颜色、净度和/或特殊光学效应
2	高温高压处理 （high pressure and high temperature treatment,HPHT）	在高温高压条件下，对宝石进行处理	改善或改变宝石的颜色
3	漂白 （bleaching）	采用化学溶液对样品进行浸泡	使颜色变浅或去除杂质
4	浸蜡 （waxing）	无色蜡浸入珠宝玉石表层的缝隙中	改善外观
5	浸无色油 （colourless oiling）	将无色油浸入珠宝玉石的缝隙	改善外观
6	充填处理 （filling or impregnation）	用玻璃、塑料、树脂或其它聚合物等固化材料充填多孔的珠宝玉石或珠宝玉石表面的缝隙、孔洞	改善外观
7	染色 （dyeing）	将致色物质（如有色油、有色蜡、染料等）渗入珠宝玉石	改善或改变颜色
8	辐照 （irradiation）	用高能射线辐照珠宝玉石，常附加热处理	颜色发生改变

序号	优化处理种类	方法	目的
9	激光钻孔 （laser drilling）	用激光束和化学品去除钻石内部深色包体	改善净度
10	覆膜 （coating）	用涂、镀、衬等方法在珠宝玉石表面覆盖薄膜	改变光泽、颜色或产生特殊效应
11	扩散 （diffusion）	在一定温度条件下，将外来元素扩散进入宝石	改变颜色，或产生特殊光学效应

1.3.2 优化

优化（enhancing）指传统的、被人们广泛接受的、使珠宝玉石潜在的美显示出来的优化处理方法。常见方法包括热处理、漂白、浸蜡、浸无色油、染色（玉髓、玛瑙类）。

一般来说，优化是指经过人工改善宝石的颜色等，其结果永久稳定，不会发生可逆反应；经过优化的宝石，在我国可以不用声明，珠宝玉石鉴定证书中可不附注说明，如图1-3-2所示的染色玛瑙，由于玛瑙玉髓的染色属于优化，因而可以不必声明，直接定名为"玛瑙"。

图1-3-2　玛瑙

1.3.3 处理

处理（treating）指非传统的、尚不被人们接受的优化处理方法。一般来说，处理是运用人工的方法改变宝石的颜色、结构等，其结构有时会发生改变，或对宝石的结构造成损伤，或者这种处理方法不为人们所接受。

常见处理方法有漂白加浸蜡（翡翠）、漂白加填充（翡翠）、浸有色油、充填（玻璃充填、塑料充填或其它聚合物等硬质材料充填）、染色、辐照、激光钻孔、覆膜、扩散、高温高压处理。

处理的珠宝玉石定名时，在所对应珠宝玉石名称后加括号注明"处理"二字或注明处理方法，如"蓝宝石（处理）""蓝宝石（扩散）""翡翠（处理）""翡翠（漂白充填）"也可在所对应珠宝玉石名称前描述具体处理方法，如"扩散蓝宝石""漂白充填翡翠"等。

在目前一般鉴定技术条件下，如不能确定是否经处理时，在珠宝玉石名称中可不予表示，但必须加以附注说明且采用下列描述方式，如："未能确定是否经过×××处理"或"可能经过×××处理"。

如自然界中天然蓝色的托帕石较少，且颜色都比较淡，在珠宝市场上出现的蓝色托帕石绝大部分都是无色托帕石经过高能射线辐照以后变成蓝色的。如图1-3-3所示，辐照的蓝色托帕石在一般鉴定条件下较难鉴定，在鉴定证书定名时可为"托帕石，备注：未能确定是否经过辐照处理"。

图1-3-3　辐照处理托帕石

1.4 宝石的价值及其影响因素

1.4.1 宝石的价值

对于宝石的价值来说，首先应当是装饰价值。经过切割打磨的宝石，可制成首饰，给人们带来审美的愉悦，满足人们对美的追求。

宝石作为特殊的商品，可以在社会上广泛流通，因而具有商品的交换价值。在一般情况下，也同样符合一般商品的价值规律。另外，宝石有较强的保值功能，可以作为财产或"硬通货币"储存。宝石首饰品还具有体积小、质轻而易于携带保存的优点。许多宝石首饰和工艺品还具有很高的艺术价值，可作为珍宝收藏，因此宝石还具有储备价值和收藏价值。

此外，宝石更具有历史与情感的价值。宝石不但在地球内部和地表见证了地球发展演化的历史，更见证了人类历史发展并具有情感纪念等功能。作为宝石而言，除了其商品属性外，其被赋予的情感价值等，也是宝石价值的附加值，是其文化价值。

1.4.2 影响宝石价值的因素

影响宝石的价值因素必须综合判断，不能只依据某一项或两项进行。

（1）宝石的品种

传统的名贵宝石品种包括西方的五大名贵宝石和东方的玉石。五大名贵宝石为钻石、红宝石、蓝宝石、祖母绿、金绿宝石（变石和猫眼）；东方的名贵玉石主要为翡翠和和田玉等。

除了传统名贵宝石，还有新兴的贵重宝石品种，如：尖晶石（红色、粉色、蓝色），翠榴石、沙佛莱石（铬钒钙铝榴石）和芬达石（锰铝榴石）等石榴石品种，淡蓝和淡绿色的帕拉依巴碧玺、红色碧玺、绿色的含铬和普通碧玺，托帕石（粉红色、舍利酒黄），坦桑石，大颗粒深绿色的橄榄石等。

常见中档宝石有铁铝榴石、托帕石（白色）、水晶、月光石、锆石、辉石等。

常见的玉石包括欧泊、绿松石、青金石、独山玉、岫玉、孔雀石等。

有机宝石包括海水珍珠、珊瑚、琥珀等。

宝石的名贵与档次的划分，并无一定之规。名贵宝石中的劣质品种价格可以较低；中–低档宝石中，质量好的价格也可与名贵宝石比价。

（2）天然、优化处理还是合成宝石

一般来说，天然宝石的价格会比相同质量的处理或合成品高很多。即使是名贵宝石品种的合成品，价格也相对低很多。经过处理的宝石与未经过处理的宝石虽然会达到同样的光学效果，但是其稀有性、耐久性等均不如未经处理的天然宝石，因而价格也会相对较低。如合成红宝石虽然颜色艳丽、洁净、颗粒大，但是价格却比天然红宝石低很多；外观相同的浸无色油的祖母绿与未经任何优化处理的祖母绿相比，浸油祖母绿的价格仍然会低一些；B货翡翠（漂白充填处理）比A货翡翠（天然翡翠）的价格差几十倍以上。

但这并不代表优化处理的宝石和合成宝石的价格一定会很低。如热处理的红蓝宝石和金色南洋珍珠的价格很高；合成碳化硅（合成莫桑石）的价格也相对较高。

（3）宝石的质量

宝石质量的评价主要包括颜色、净度、切工、特殊光学效应等因素。宝石质量优劣对价值的影响很大，同种宝石的不同质量价格相差悬殊。图1-4-1和图1-4-2分别为质量较差和较好的蓝宝石。

图1-4-1　质量较差的蓝宝石　　　　　　　　图1-4-2　质量较好的蓝宝石

（4）宝石的重量

贵重宝石的重量是以克拉（ct）为单位的。贵重宝石报价常常为每克拉单价。

$$1ct=200mg（=100分）$$

宝石个体的重量越大越珍贵。宝石的价格通常以宝石的克拉重量的平方向上增长，即：

$$宝石价格 =D^2K$$

式中，D 为宝石重量，ct；K 为市场基价，元/ct。

（5）宝石的产地

不同地质条件下，形成的宝石质量会不同；不同产地宝石的应用时间长短和可接受性也不同。如哥伦比亚独特的地质环境下所形成的祖母绿，一般都具有较高的品质，从而成为收藏家和宝石拍卖会等追逐的目标。

古代欧洲和亚洲王室所用的红宝石很多来自缅甸，因此时至今日缅甸的红宝石因其高品质和可接受性强等，在价格上高于其它产地的红宝石。

1.5　生辰石

常见的生辰石（birth stone），是用一种宝石代表出生的月份，主要用在戒指和吊坠等宝石首饰中。

公元一世纪，犹太历史学家Josephus相信祭祀胸甲上的12颗宝石与一年的12个月以及12星座相关联。在8世纪和9世纪，基督教教徒相信：他们的名字和美德将会被铭刻于石头之上，从而每月佩戴一种宝石品种。现代的生辰石已与宗教没有任何联系，也有人将之形容为一种宝石推销术。关于生辰石，每个国家并不完全相同，表1-5-1列出了部分国家的生辰石及其象征和寓意。

表1-5-1 月生辰石及其象征和寓意

月	美国	英国	象征和寓意
一月	石榴石	石榴石	贞洁、友爱、忠诚
二月	紫晶	紫晶	诚实、真挚、内心平和、减缓焦虑
三月	海蓝宝石、血玉髓	海蓝宝石、血玉髓	沉着、勇敢
四月	钻石	钻石	纯洁无瑕、恒久、幸运
五月	祖母绿	祖母绿 绿玉髓	幸运、爱情幸福长久、美好
六月	珍珠 月光石 变石	珍珠 月光石	健康、安宁、富贵、长寿
七月	红宝石	红宝石、红玉髓	热情、力量、爱情、消除疑惑和妒忌
八月	橄榄石 玛瑙	橄榄石 缠丝玛瑙	健康、财富、好运
九月	蓝宝石	蓝宝石 青金石	真诚、慈爱、高贵、德望
十月	欧泊、碧玺	欧泊、碧玺	幸运、希望、安乐、消除女性悲痛
十一月	托帕石	托帕石、黄水晶	真挚、友爱
十二月	绿松石、青金石	绿松石、锆石、坦桑石	成功、幸运

在西方文化中，除了月生辰石，还有星座生辰石，如表1-5-2所示。

表1-5-2 星座生辰石

星座	对应日期	宝石
水瓶座（Aquarius）	1月20日—2月18日	石榴石
双鱼座（Pisces）	2月19日—3月20日	紫晶
白羊座（Aries）	3月21日—4月19日	血玉髓
金牛座（Taurus）	4月20日—5月20日	蓝宝石
双子座（Gemini）	5月21日—6月21日	玛瑙
巨蟹座（Cancer）	6月22日—7月22日	祖母绿
狮子座（Leo）	7月23日—8月22日	缟玛瑙
处女座（Virgo）	8月23日—9月22日	红玉髓
天秤座（Libra）	9月23日—10月23日	橄榄石
天蝎座（Scorpio）	10月24日—11月22日	绿柱石
射手座（Sagittarius）	11月23日—12月21日	托帕石
摩羯座（Capricorn）	12月22日—1月19日	红宝石

随着宝石文化和传说不断演化，进而又出现了星期石。出生日是星期几，则佩戴相对应的宝石，如表1-5-3所示。

表1-5-3　星期生辰石

日期	宝石
星期一	珍珠 水晶
星期二	红宝石 祖母绿
星期三	紫晶 磁铁矿
星期四	蓝宝石 红玉髓
星期五	祖母绿 猫眼
星期六	绿松石 钻石
星期日	托帕石 钻石

2

宝石鉴定的原理

　　进行宝石鉴定，首先需要了解宝石的各项性质。由于每种宝石的化学成分、结构和成因等不同，因而其表现出的光学、力学、其它性质和所包含的包裹体等不同。宝石鉴定正是在了解这些性质的基础上，通过无损地观察测试宝石的光学、力学和包裹体等进行区别。

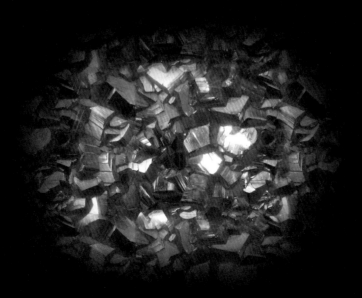

2.1 晶体与非晶体

2.1.1 晶体与非晶体

宝石可分为晶体和非晶体，或者分成晶质体、晶质集合体和非晶质体，见图2-1-1。绝大部分的宝石是晶质体，玉石是晶质集合体，常见的非晶体是玻璃和欧泊。宝石和玉石最主要的仿制品——玻璃是非晶体，是宝石的"万能的仿制品"。

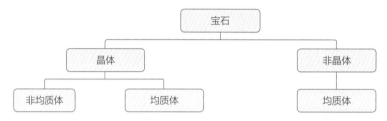

图2-1-1　宝石与晶体、均质体和非均质体的关系

晶体（crystal）是具有格子构造的固体，其内部质点在空间作有规律的周期性重复排列。晶质体（crystalline）指结晶质的固体（晶体），也就是常说的矿物；晶质集合体（crystalline aggregate）是由无数个结晶个体组成的块体，也就是岩石。晶质集合体包括显晶质集合体和隐晶质集合体。非晶质体（non-crystalline）指组成物质的内部质点在空间上呈不规则排列，不具格子构造的固体物质。

绝大部分宝石是晶质体或晶质集合体，而玻璃、塑料、欧泊等为非晶体或非晶质体。晶体和非晶体之所以具有不同的物理性质，主要是由于它们的微观结构不同。

晶体都有自己独特的、呈对称性的形状，如食盐呈立方体，冰呈六角棱柱体，明矾呈八面体等。而非晶体的外形则是不规则的。晶体在不同的方向上有不同的物理性质，如机械强度、导热性、热膨胀性、导电性等，称为各向异性。

晶体具有包括以下在内的多种性质，而非晶体不具有。

（1）规则的几何外形

如黄铁矿常为立方体，如图2-1-2所示；水晶晶体为六方柱加两端的双锥，如图2-1-3所示；磷灰石晶体一般为六方柱状等，如图2-1-4所示。

图2-1-2　黄铁矿晶体　　　　图2-1-3　水晶晶体　　　　图2-1-4　磷灰石晶体

（2）对称性

晶体的面、棱等有规律的重复。如当以柱面中心为轴，转动水晶晶体360°，其面棱等会有规律的重复。

（3）各向异性

晶体的物理性质随方向不同而不同，而非晶体的物理性质却表现为各向同性。晶体的各向异性包括：

① 多色性和双折射等光学性质，即不同方向上光被吸收的波长和传播的速度不同等；

② 力学性质，如解理，在受打击后不同方向裂开程度不同；

③ 压电性，晶体两端受压后，产生不同的电荷；

④ 热电性，晶体受热后，两端产生不同的电荷。

（4）稳定性

晶体不会自发地转变为非晶体；而非晶体有可能会转化为晶体。

（5）固定的熔点

晶体有固定的熔化温度——熔点（或凝固点），而非晶体则是随温度的升高逐渐由硬变软而熔化，非晶体没有固定的熔点。

2.1.2 光学均质体与非均质体

从光学角度来看，晶体可以分为均质体和非均质体两类，是宝石重要的光学性质之一。光性均质体（isotropic material）指光学性质在各个方向上均相同的物质，简称均质体。立方晶体（等轴晶系）和非晶质的材料为光性均质体。光波在各向同性的介质中传播时，其传播速度不随振动方向而发生改变。介质的折射率不因光波在介质中的振动方向的不同而发生改变，其折射率值只有一个，此类介质属于光性均质体。

光性非均质体（anisotropic material）指光学性质在各个方向不同的物质，简称非均质体。除等轴晶系和非晶质的材料外，均为光性非均质体。非均质体的折射率值有多个。光波进入非均质体宝石时，除特殊方向外，一般分解成振动方向互相垂直、传播速度不等的两束偏振光。这一现象称双折射。在中学的物理实验中，把冰洲石放在有线段或字的纸上，通过冰洲石观察，线或字出现了双影，这就是双折射的表现。光波沿非均质体的特殊方向入射时不发生双折射，这特殊方向为光轴方向。三方、四方和六方晶系的宝石只有一个光轴方向，称为一轴晶；斜方、单斜和三斜晶系的宝石有两个光轴方向，称为二轴晶。

宝石与均质体和非均质体的关系，见图2-1-5和表2-1-1。

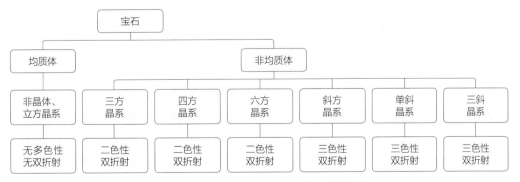

图2-1-5　均质体与非均质体宝石的性质

表2-1-1　常见宝石的晶系与性质

宝石晶体	晶系	性质	常见宝石
均质体	非晶体	无多色性、无双折射	玻璃、塑料、欧泊
	立方晶系		钻石、尖晶石、石榴石、萤石（见图2-1-6）
非均质体	三方晶系	二色性、双折射	碧玺（见图2-1-7）、水晶、红宝石、蓝宝石
	四方晶系	二色性、双折射	锆石
	六方晶系	二色性、双折射	绿柱石、磷灰石、祖母绿、海蓝宝石（见图2-1-8）
	斜方晶系	三色性、双折射	金绿宝石、猫眼、变石、橄榄石、托帕石（见图2-1-9）
	单斜晶系	三色性、双折射	锂辉石（见图2-1-10）
	三斜晶系	三色性、双折射	长石（见图2-1-11）

图2-1-6　萤石晶体（立方晶系）

图2-1-7　碧玺晶体（三方晶系）

图2-1-8　海蓝宝石晶体（六方晶系）

图2-1-9　托帕石晶体（斜方晶系）

图2-1-10　锂辉石晶体（单斜晶系）

图2-1-11　长石晶体（三斜晶系）

2.2　宝石的光学性质

　　宝石的光学性质主要包括颜色、光泽、净度、透明度、亮度、火彩、特殊光学效应等。宝石的美丽主要来源于其光学性质，如图2-2-1所示。

图2-2-1　宝石美丽的主要因素

2.2.1 颜色

一定波长的可见光，会呈现一定的颜色。在整个电磁波谱中，能引起人眼视觉的可见光只是一小部分，一般取400~700nm波长作为可见光的范围（实际范围可达380~780nm）。

宝石的颜色是宝石对不同波长的可见光选择性吸收的结果，主要是透过宝石的光混合后的颜色。

日常见到的自然光，就是由红、橙、黄、绿、青、蓝、紫七种单色光混合而成的白光。当可见光（白光）照射宝石时，如果宝石选择吸收了某些波长的色光，则宝石呈透射或反射色光的混合色，相当于被吸收色光的补色或补色的混合色；如果宝石普遍均匀地吸收所有色光，则宝石随吸收程度不同而呈黑、灰或白色；如果所有的色光都通过宝石，则宝石呈无色透明。比如红宝石在红区吸收几条线、黄绿区全吸收以及蓝紫区吸收，剩下光的混合色就是我们肉眼所看到的红宝石的红色。

在宝石实验室中有分光镜，可以用来观察宝石的特征吸收带和线。

传统的矿物学将宝石的颜色成因分为自色、他色和假色。

① 自色　是由矿物基本化学成分中的元素引起。宝石的自色基本上是固定的，是鉴定宝石的重要特征之一，如橄榄石呈现黄绿色，见图2-2-2，孔雀石呈现绿色，见图2-2-3。

图2-2-2　橄榄石　　　　　　　　　　　　　　图2-2-3　孔雀石

② 他色　与矿物本身的成分、结晶构造无关的颜色，是由矿物中含有带色的杂质等原因引起的，随混入杂质的不同而不同，故对鉴定矿物的意义不大。对于他色矿物的鉴定，需要结合其它特征一起进行观察。

如各种不同颜色的水晶由于混入不同杂质而形成紫水晶、烟水晶、蔷薇石英（玫瑰色）等；纯净的刚玉矿物为无色，当含有微量的铬（Cr）时，呈红色；含有铁（Fe）和钛（Ti）时，呈现蓝色。

③ 假色　由干涉、衍射、散射等特殊光学效应或由包裹体致色。如转动月光石，其表面可见飘移的乳白-淡蓝的颜色，见图2-2-4；转动珍珠，其表面飘移的蓝色、绿色等伴色，见图2-2-5；欧泊的颜色，见图2-2-6；水晶一般为无色，其内部的绿色、黄色、红色等包裹体密集分布，使得水晶呈现相应包裹体的颜色，见图2-2-7；东陵石是由内部绿色包裹体定向排列而形成的绿色，见图2-2-8。假色是鉴定宝石的重要特征之一。

图2-2-4　月光石

图2-2-5　黑珍珠

图2-2-6　欧泊

图2-2-7　水晶

图2-2-8　东陵石

常见的自色、他色和假色宝石见表2-2-1。

表2-2-1　常见的自色、他色和假色的宝石

颜色成因		常见宝石
自色		橄榄石（黄绿色-绿色）、孔雀石（绿色）等
他色		红宝石、蓝宝石、祖母绿、海蓝宝石、绿柱石、水晶等
假色	干涉	月光石、珍珠表面的伴色和晕彩
	衍射	欧泊
	散射	部分产地的蓝玉髓
	包裹体致色	东陵石、日光石、水晶（"绿幽灵""红发晶""金发晶"等）

2.2.2　光泽

光泽（luster）指材料表面反射光的能力和特征。光泽度主要取决于矿物本身的折射率和材料表面的抛光程度等。折射率（refractive index）指光在空气（或真空）中与在宝石材料中传播速度的比值，也称折光率。折射率越高，表面抛光程度越好，光泽越强。

按光泽的强弱分为金属光泽、金刚光泽和玻璃光泽；由集合体或表面特征所引起的特殊光泽有油脂光泽、蜡状光泽、珍珠光泽、丝绢光泽等。

① 金属光泽（metallic luster）　如金属般的光泽。

② 金刚光泽（adamantine）　反射光很强，如抛光好的钻石，如图2-2-9所示钻石的光泽。金刚光泽还可细分出亚金刚光泽，即比金刚光泽稍弱，如合成立方氧化锆的光泽。

图2-2-9　金刚光泽（钻石）

图2-2-10　强玻璃光泽（蓝宝石）

③ 玻璃光泽（vitreous luster）　如玻璃的光泽，是透明有色单晶宝石最常见的光泽。玻璃光泽还可细分为强玻璃光泽（明亮玻璃光泽）、玻璃光泽和弱玻璃光泽，如图2-2-10所示的蓝宝石的强玻璃光泽、图2-2-11示锂辉石的玻璃光泽和图2-2-12所示的萤石的弱玻璃光泽。

图2-2-11　玻璃光泽（紫锂辉石）

图2-2-12　弱玻璃光泽（萤石）

④ 油脂光泽（greasy luster）　如油脂的光泽，如图2-2-13所示和田玉的光泽。

⑤ 蜡状光泽（waxy luster）　光泽弱，如蜡烛和未抛光指甲的光泽，如图2-2-14所示绿松石的光泽。

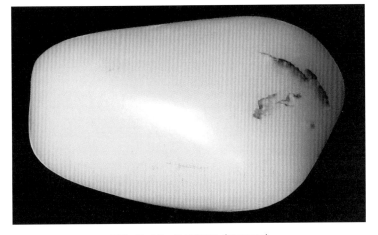

图2-2-13　油脂光泽（和田玉）

图2-2-14　蜡状光泽（绿松石）

⑥ 珍珠光泽（pearly luster） 如珍珠般的光泽，如图2-2-15所示的珍珠的光泽。

⑦ 丝绢光泽（silky luster） 反射光明亮分散，类似于丝绢，如2-2-16所示虎睛石的光泽。

图2-2-15　珍珠光泽（淡水珍珠）

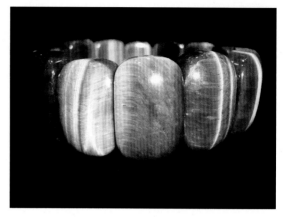
图2-2-16　丝绢光泽（虎睛石）

常见宝石的光泽见表2-2-2。

表2-2-2　常见宝石的光泽

光泽		常见宝石
金属光泽		赤铁矿、磁铁矿、黄铁矿
金刚光泽	金刚光泽	钻石、合成莫桑石
	亚金刚光泽	合成立方氧化锆、锰铝榴石、铁铝榴石
玻璃光泽	强玻璃光泽	红宝石、蓝宝石、金绿宝石、尖晶石、镁铝榴石、沙佛莱
	玻璃光泽	碧玺、托帕石、磷灰石、橄榄石、水晶、翡翠
	弱玻璃光泽	萤石
油脂光泽		和田玉、翡翠（B货）
蜡状光泽		绿松石
丝绢光泽		虎睛石、鹰眼石
珍珠光泽		淡水珍珠、海水珍珠、仿珍珠

2.2.3　透明度

透明度（transparency）指珠宝玉石材料透光的程度，与宝石晶体的化学成分和结构、厚度、自身颜色、颗粒结合方式、杂质和裂隙等有关。透明度不但可以辅助鉴定，还是宝石质量评价的重要因素。透明度可依次分为透明、亚透明、半透明、微透明和不透明，详见表2-2-3。

表2-2-3　宝石的透明度

透明度	定义
透明（transparent）	很容易透过光线，几乎不变形
亚透明（semi-transparent）	透过宝石看到的景物略变模糊
半透明（translucent）	透光困难，无法透视
微透明（semi-translucent）	宝石边缘部位能透过少量光
不透明（opaque）	不透光

2.2.4　亮度

亮度（brilliance）也称明亮度，指刻面宝石在白光照射下的反射光强度，它包括宝石表面反射光和内部反射光两个部分，也称表面亮光和内部亮光，二者的总和即为宝石的整体明亮度。

宝石的表面反射光的强弱主要取决于宝石的折射率。对刻面宝石而言，内反射作用对亮度的影响则远胜于表面反射作用。内反射指从入射光在进入刻面宝石内部后，再通过内部刻面的反射作用从台面射出。从台面射出的光越多，宝石的亮度越高。内反射不但与宝石的切磨角度有关，还与宝石的净度有关。净度越高，宝石的亮度越高。如图2-2-17所示，钻石具有高的亮度。

2.2.5　色散（火彩）

色散（dispersion）指白光（复色光）通过棱镜或光栅分解为单色光而形成光谱的现象。

生活中的色散现象，我们最熟悉的莫过于雨后彩虹了。彩虹是太阳光沿着一定角度射入空气中的水滴所引起的比较复杂的由折射和反射造成的一种色散现象。

白光是复色光，由红、橙、黄、绿、蓝、紫等单色光组成，每个单色光具有不同的频率和传播速度。当白光进入棱镜后，由于各种频率的光具有不同折射率，各单色光的传播方向有不同程度的偏折，因而在离开棱镜时就各自分散，形成光谱。对于刻面宝石来说，色散的强弱除了和宝石自身的色散值有关，还和宝石的琢型有关系。色散值是反射材料色散强弱（即火彩强弱）的物理量。理论上用该材料相对于红光的折射率与紫光的折射率的差值来表示，差值越大，色散强度越大（火彩越强）。

图2-2-17　钻石的高亮度

图2-2-18　合成立方氧化锆

影响宝石色散现象（火彩）的因素：宝石材料本身必须具备足够大的色散值，一般色散值在0.03以上的透明无色或浅色宝石都可产生明显的色散现象；宝石刻面的切磨比例和角度，只有刻面比例和角度合适，才能产生较好的色散现象。如图2-2-18所示，合成立方氧化锆具有强色散。

常见色散值较大的宝石见表2-2-4。

表2-2-4　常见色散强的宝石

宝石	色散值
钻石	0.044
合成碳硅石	0.104
合成立方氧化锆	0.060
榍石	0.051
翠榴石	0.060

2.2.6 特殊光学效应

特殊光学效应（optical phenomena）指在可见光的照射下，珠宝玉石的结构、构造对光的折射、反射等作用所产生的特殊的光学现象。包括猫眼效应、星光效应、变彩效应、晕彩效应、变色效应和砂金效应等。

（1）猫眼效应（chatoyancy）

在平行光线照射下，以弧面形切磨的某些珠宝玉石表面呈现的一条明亮光带，随样品或光线的转动而移动的现象，称为猫眼效应，如图2-2-19所示。

猫眼效应多数是由所含的密集平行排列的针状、管状或片状包体造成的，也有由于结构特征、固溶体出溶或纤维状晶体平行排列而致。

图2-2-19 猫眼效应（矽线石猫眼）

图2-2-20 四射星光效应（透辉石）

（2）星光效应（asterism）

在平行光线照射下，以弧面形切磨的某些珠宝玉石表面呈现出两条或两条以上交叉亮线的现象，称为星光效应。常呈四射或六射星线，分别称为四射星光或六射星光。辉石的四射星光如图2-2-20所示，蓝宝石的六射星光如图2-2-21所示。

星光效应多是由于内部含有密集排列的两向或三向包体所致。

图2-2-21 六射星光效应（蓝宝石）

图2-2-22 拉长石的晕彩

（3）变彩效应（play of colour）

宝石的某些特殊结构对光的干涉或衍射作用而产生的颜色，随光源或观察方向的变化而变化的现象。如图2-2-6所示的欧泊。

（4）晕彩效应（iridescence）

因光的干涉、衍射等作用，致使某些光波减弱或消失，某些光波加强，而产生的颜色现象称为晕彩效应。如拉长石的晕彩，可称为拉长石晕彩（labradorescence），如图2-2-22所示。

（5）变色效应（change of colour）

在不同的可见光光源照射下，珠宝玉石呈现明显颜色变化的现象。常用的光源为日光灯和白炽灯两种光源，如图2-2-23所示。

（6）砂金效应（aventurescence）

宝石内部细小片状矿物包体对光的反射所产生的闪烁现象，称为砂金效应。如图2-2-8所示东陵石的砂金效应。

常见特殊光学效应的宝石见表2-2-5。

（a）日光灯下为蓝色

（b）白炽灯下为紫色

图2-2-23 变色效应（变色萤石）

表2-2-5 常见特殊光学效应的宝石

特殊光学效应		常见宝石品种
猫眼效应		猫眼、祖母绿、碧玺、石英、方柱石、玻璃等
星光效应	四射星光	透辉石（黑色体色，近90°的十字星光） 石榴石（暗红色体色）
	六射星光	红宝石、蓝宝石； 芙蓉石
	六射透射星光	芙蓉石
变彩效应		欧泊
晕彩效应		月光石（乳白-淡蓝的晕彩，也称月光效应） 拉长石（蓝色晕彩） 珍珠
变色效应		变石（日光下：绿色；白炽灯下：红色） 合成蓝宝石（日光下：蓝色；白炽灯下：紫红色）
砂金效应		日光石（红色）； 东陵石（绿色、蓝色）

2.2.7 发光性

发光性（luminescence）指矿物在外加能量如紫光、紫外光和X射线等的照射下能发射可见光的性质。发光性的实质是矿物吸收了较高的外加能量，然后以较低能量（可见光）再发射出来。

由于日光中有紫外线，因此可以激发部分宝石的荧光和磷光。

紫外荧光（ultraviolet fluorescence）指珠宝玉石在紫外光照射下，发射出可见光的现象。按发光的强弱分为：强、中、弱、无。

磷光性（phosphorescence）指激发光源撤除后，物体在短时间内继续发光的现象。宝石鉴定中的激发源常用紫外光。出现磷光的矿物有的时候被称为夜明珠，但一般而言，只将发磷光的贵重宝石称为"夜明珠"。

一般而言，具有发光效应的天然宝石，在紫外长波下的发光强于紫外短波下；而合成宝石在紫外短波下的发光强于紫外长波下。

2.2.8　非均质体宝石的光学性质

对于非均质体宝石而言，除了颜色、光泽、净度、透明度、亮度、火彩、特殊光学效应等光学特征外，还具有双折射和多色性。

（1）双折射

非均质体中两个或三个主折射率之间的最大差值为双折射率，也称重折射率（或重折光率）。

宝石检测中的折射率是在空气中测得的相对折射率。双折射率大于0.020的宝石，在10倍放大镜下一般可见后刻面棱、内部线状包体等的重影，如图2-2-24所示，将方解石置于线条之上，线条会呈现双影。双折射率可以成为鉴定宝石重要的特征，常见的双折率较大的宝石见表2-2-6。

图2-2-24　方解石

表2-2-6　常见的双折率较大的宝石

宝石	双折射率值	现象
碧玺	0.020	10倍放大镜下，可见后刻面棱、内部线状包体等的重影
橄榄石	0.036	10倍放大镜下，可见后刻面棱、内部线状包体等的重影；大颗粒宝石肉眼可见
锆石	0.059	10倍放大镜下，可见后刻面棱、内部线状包体等的重影；大颗粒宝石肉眼可见
合成碳硅石	0.043	10倍放大镜下，可见后刻面棱、内部线状包体等的重影；大颗粒宝石肉眼可见
榍石	0.100~135	10倍放大镜下，可见后刻面棱、内部线状包体等的重影；大颗粒宝石肉眼可见
菱锰矿	0.220	置于线条上，肉眼可见线条双影
方解石	0.172	置于线条上，肉眼可见线条双影

（2）多色性

多色性（pleochroism）是非均质的彩色宝石由于不同结晶方向上对光波的选择性吸收呈现不同颜色的现象。多色性特征是鉴定宝石的重要依据之一，可分为二色性和三色性。

二色性（dichroism）是一轴晶彩色宝石在两个主振动方向上呈现的两种不同颜色的现象。

三色性（trichroism）是二轴晶彩色宝石在不同主振动方向上呈现三种不同颜色，如图2-2-25所示，从不同方向观察，红柱石可以显现三种不同的颜色。

图2-2-25　多色性（红柱石，从不同方向观察颜色不同）

均质体宝石（非晶质体、等轴晶系）各向同性，对光波无吸收差异，不具有多色性。非均质体宝石各向异性，对光波有吸收差别，可具有多色性。

四方、三方、六方晶系宝石可具有二色性；斜方、单斜、三斜晶系宝石，可具有三色性。

肉眼可见的强多色性宝石表2-2-7。

表2-2-7　肉眼可见的强多色性宝石

宝石	多色性
碧玺	二色性
坦桑石	天然：三色性； 热处理：二色性
堇青石	三色性
红柱石	三色性

2.3　宝石的力学性质

宝石的力学性质主要包括硬度、解理、断口、韧度、相对密度等。

2.3.1　硬度

硬度（hardness）指矿物等材料抵抗硬物压入其表面的能力，称为硬度。

生活中有很多关于硬度的例子。比如萤石常用在相机的镜头上，当擦的时候，一般会按说明书的指示，先吹掉灰尘，然后朝一个方向去擦；树脂眼镜片过一两年就需要重新配；手机等液晶屏幕上会贴膜；一些玻璃制品用久了之后，就不再晶莹剔透等。

在宝石学中，一般使用摩氏硬度（Mohs hardness）。1822年，Mohs提出用10种矿物来衡量世界上最硬的和最软的物体，这是摩氏硬度计。摩氏硬度属于一种刻划硬度，即利用摩氏硬度计与被测矿物相互刻划比较而测定的硬度。摩氏硬度计由10种不同硬度的矿物组成，分为10级，见图2-3-1。

图2-3-1　摩氏硬度计

① 滑石　$H_m=1$，是已知最软的矿物，用指甲可以在滑石上留下划痕，在生活中经常用于化妆品中，特别是防晒霜中。

② 石膏　$H_m=2$，是一种用途广泛的工业材料和建筑材料。装饰石膏板常用作天花板和装饰墙面，石膏空心条板和石膏砌块常用作非承重内隔墙。石膏矿物见图2-3-2。

③ 方解石　$H_m=3$，在自然界分布极广。灰岩、大理岩和美丽的钟乳石的主要矿物即为方解石。大理岩常用作装饰用的栏杆、窗台和桌面等。方解石矿物见图2-3-3。

④ 萤石　$H_m=4$，是一种常见的发磷光的矿物，在人造萤石技术尚未成熟前，是制造镜头所用光学玻璃的材料之一。萤石晶体见图2-3-4。

⑤ 磷灰石　$H_m=5$，是一系列磷酸盐矿物的总称，颜色好结晶好的磷灰石可作为宝石或装饰材料。含羟基的羟基磷灰石广泛存在于人体中，是骨骼和牙齿的主要矿物成分。磷灰石晶体见图2-3-5。

⑥ 长石　$H_m=6$，长石是地壳中分布最广的矿物族，除部分超基性岩外，所有结晶岩石都富含长石。长石广泛存在于岩石中。长石晶体见图2-3-6。

⑦ 石英　$H_m=7$，是地球表面分布最广的矿物之一，它的用途相当广泛。空气粉尘的主要成分为长石和石英。石英晶体见图2-3-7。

⑧ 托帕石　$H_m=8$，矿物名为黄玉。黄玉的名称很容易和我国黄色的玉石混淆，因此本书使用其宝石名托帕石（topaz）。托帕石可作为研磨材料，也可作仪表轴承。托帕石晶体见图2-3-8。

⑨ 刚玉　$H_m=9$，是红蓝宝石的矿物名，刚玉由于其高硬度，因而在工业上主要用于高级研磨材料，手表和精密机械的轴承材料。刚玉晶体见图2-3-9。

⑩ 金刚石　$H_m=10$，是钻石的矿物名，其是自然界中天然存在的最坚硬的物质。金刚石的用途非常广泛，如工业中的切割工具，宝石切磨。钻石晶体见图2-3-10。

图2-3-2　石膏（$H_m=2$）　　　图2-3-3　方解石（$H_m=3$）　　　图2-3-4　萤石（$H_m=4$）

图2-3-5　磷灰石（$H_m=5$）　　　图2-3-6　长石（$H_m=6$）　　　图2-3-7　石英（$H_m=7$）

图2-3-8　托帕石（H_m=8）

图2-3-9　刚玉（H_m=9）

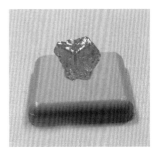
图2-3-10　钻石（H_m=10）

生活中一些常见物质的硬度，也可以帮助我们判断宝石的硬度，见图2-3-11。空气中的粉尘主要成分为长石和石英，其摩氏硬度为6~7，因此作为宝石，其摩氏硬度一般应大于等于6；否则经过长时间的佩戴，宝石的光泽不如之前强，变"毛"，影响外观。

图2-3-11　常见物质的摩氏硬度

硬度是宝石的一种重要物理常数，可作为鉴定宝石的重要依据。但硬度测试属破坏性鉴定法，必须谨慎使用；不同硬度的宝石材料，加工的难易程度不同，需要使用不同的加工方法、加工设备及工艺材料。

2.3.2　解理

解理（cleavage）指宝石晶体在外力作用下（如敲打、挤压）下严格沿着一定结晶方向破裂成光滑平面的性质。所破裂的平面称为解理面。解理在成品宝石中常表现为：圆盘状的裂隙或一组平行排列的裂隙。

根据晶体在外力作用下裂成光滑平面的难易程度，解理分为五级：极完全、完全、中等、不完全和无（或极不完全）。

图2-3-12　极完全解理（云母）

（1）极完全解理

矿物晶体极易裂成薄片，解理面较大而平整光滑，如云母，透石膏、石墨等。这类矿物可以像撕书页一样，把其一片一片撕剥开，如图2-3-12所示的云母。

（2）完全解理

矿物极易裂成平滑小块或薄板，解理面相当光滑，如方解石、石盐等。方解石有三组完全解理，常见的形状为菱面体小块，其名称也正来源于其易沿解理破碎成方形小块，如图2-3-13所示。

图2-3-13　完全解理（方解石）

（3）中等解理

其解理面往往不能一劈到底，不很光滑，且不连续，常呈现小阶梯状，如普通辉石、蓝晶石等，如图2-3-14所示蓝晶石的解理。

（4）不完全解理

矿物解理程度很差，在大块矿物上很难看到解理，只在细小的碎块上才可看到不清晰的解理面，如磷灰石、橄榄石等。

（5）无解理（极不完全解理）

无解理如石英、磁铁矿、石榴石、黄铁矿等。

解理的程度对宝石来说非常重要，对耐久性影响很大。对具有解理的矿物来说，同种矿物的解理方向和解理程度总是相同的，性质很固定，因此，解理是鉴定矿物的重要特征之一。

图2-3-14　中等解理（蓝晶石）

2.3.3　断口

断口（fracture）是指晶体在外力作用下产生不规则破裂面的性质。常见断口类型有不平坦状、锯齿状、贝壳状等。断口与"解理"相对，矿物受力后不是按一定的结晶方向破裂，破裂面呈各种凹凸不平的形状。无解理或解理不完全的矿物才容易形成断口，如图2-3-15所示，天然玻璃的贝壳状断口。

断口的形态特征还可以作为鉴定宝石的辅助依据；通过对断口的观察，可以了解玉石质地的细腻程度。例如绿松石，质地细腻者，断口平坦或近似贝壳状；质地粗糙者，断口参差粒状。

图2-3-15　天然玻璃的贝壳状断口

2.3.4　韧度

韧度（toughness）也称打击硬度，是指物质抵抗撕拉破碎的性能。与矿物的晶体结构构造有关。韧性指宝石受外力作用（打击、碾压）时不易发生破碎，或者说不易发生解理的性质；易破碎为脆性。

图2-3-16　锆石的低韧度

宝石的韧度和硬度没有必然的联系。比如和田玉的摩氏硬度只有6～6.5，但是韧度很高；锆石的摩氏硬度是7~8，但是韧度比较低，脆性高，表面棱线很容易磨损，如图2-3-16所示；金刚石虽然是硬度大的物质，但硬而不韧，它可以刻划钢锤，却经不起钢锤一击，甚至掉到地上也可能碰碎。

常见宝石中韧度最高的为黑金刚石。其它由强到弱为软玉、硬玉、刚玉、金刚石、水晶、海蓝宝石、橄榄石、祖母绿、黄玉、月光石、金绿宝石和萤石等。

韧性大的宝石一般加工难度较大，主要是不易抛光；而韧度低、脆性大的宝石一般也不好加工，因容易破碎，在加工和使用过程中要注意维护，以免受外力影响而破碎。

2.3.5 相对密度

相对密度（relative density）指矿物在空气中的质量与同体积水在4℃时的质量之比。在4℃时，1cm³水的质量为1g。根据阿基米德定律，采用静水称重法，样品的密度（ρ）可用样品在空气中的质量（m）和在液体介质（密度为ρ_0）中的质量（m_1）来计算。

$$\rho = \frac{m}{m - m_1} \times \rho_0$$

宝石学中也常用密度（density）这一术语，其定义是：宝石单位体积的质量（g/cm³）。它在数值上与相对密度相同。

在宝石学中，常以相对密度为3~3.5的宝石为标准，大于3.5的手掂重较沉，小于3的手掂重较轻。一般以钻石（3.52）、翡翠（3.33）以及和田玉（3.01）为掂重的标准练习对象。

掂重时，将宝石放置于手掌心，用手掂，感受"打手"感的轻重。

2.4 宝石的其它性质

2.4.1 热学性质

（1）导热性

导热性（thermal conductivity）指宝石传导热的性能。宝石的导热性好，会有助于金属镶嵌的顺利进行。传统的金属镶嵌，都需要用到高温，如果宝石的导热性不好，操作不当很容易引起宝石的炸裂。

在宝石鉴定中，常用热导仪把导热性能很好的钻石和合成莫桑石与其它的宝石区分开。

一般而言，宝石的导热性比较好。在徒手鉴定时，可以通过手触是凉还是温，将玻璃和天然宝石初步区分。

（2）氧化

氧化（oxidation）指宝石在受热之后的氧化反应。

钻石在650℃左右，就可以由钻石变成二氧化碳。对于其它的宝石，相对更低的温度，就可能造成氧化。因而在首饰镶嵌加工中，比较忌讳高温火焰的烧烤。

2.4.2 电学性质

（1）导电性

导电性（electrical conductivity）指宝石传导电流的能力。天然的蓝色钻石，是由于含有微量的半导体元素硼（B）而形成的颜色，因而具有导电性。可以通过导电性测试将辐照处理形成的蓝色钻石和天然的蓝色钻石区分开。

（2）热电性

热电性（pyroelectricity）是指宝石矿物在外界温度变化时，在晶体的某些方向产生荷电的性质。碧玺最早被称为"吸灰石"，其在受热之后表面会吸灰，就是由于它的两端会产生不同的电荷，从而吸附灰尘。

（3）压电性

压电性（piezoelectricity）是指某些单晶体，当受到定向压力或张力的作用时，能使晶体垂直于应力的两侧表面上分别带有等量的相反电荷的性质。若应力方向反转时，则两侧表面上的电荷易号。水晶等单晶体就具有压电性。1880年法国学者居里兄弟发现石英晶体受到压力时，它的某些表面上会产生电荷，电荷量与压力成正比，称这种现象为压电效应；具有压电效应的物体称为压电体。

（4）静电性

静电性（static electricity）指某些宝石带有一种处于静止状态的电荷或者说不流动的电荷。

塑料尺与毛皮摩擦，塑料尺带负电，毛皮带正电，之后塑料尺可以去吸小纸片；琥珀也同样能够做到。

2.4.3　磁性

磁性（magnetism）指能吸引铁等物质的性质。磁铁可以吸铁制品。磁铁矿和赤铁矿在外观上很难区分，可以通过镊子等铁制品与其靠近，检验磁性进行区分。有的拉长石里面有很多磁铁矿包体，也可以吸附到镊子等铁制品上。

磁性可以成为我们快速鉴定某些宝石的重要依据。

2.5　宝石中的包裹体

广义的包裹体（inclusion）概念是泛指宝石所有的内部特征，包括宝石材料中所含的固相、液相、气相包裹体，特殊类型的包裹体（如负晶）及与宝石的晶体结构有关的现象。如生长纹、色带、双晶纹、解理等；狭义的包裹体的概念为宝石中所含有的气液固相包体。

气体包体一般为圆形或拉长的圆形，由于气体和宝石的折射率一般差别较大，所以较容易观察，如图2-5-1所示玻璃中的气泡；液体没有规则的形状；固体包体具有规则的几何形状，如图2-5-2和图2-5-3所示水晶中的固体包体。

（a）整体

（b）局部

图2-5-1　玻璃中的气体包体

图2-5-2 水晶中的固体包体（一）

图2-5-3 水晶中的固体包体（二）

宝石的色带指晶体内部显示出的颜色呈带状（也有块状）不均匀分布现象。原生色带是晶体生长过程中，由于介质成分及生长环境变化，导致颜色深浅变化或色彩的变化，如碧玺（见图2-5-4）。常见有色带的宝石见表2-5-1。

图2-5-4 碧玺晶体的色带

表2-5-1 常见的具色带宝石

宝石	常见形状	常见颜色
碧玺	平直，或三边形	不同颜色
红、蓝宝石	平直，或六边形	深浅不同
紫晶	常见平直	深浅不同
菱锰矿（"红纹石"）	常见弯曲	深浅不同
萤石	平直，或弯曲	不同颜色

不同种宝石或不同成因的同种宝石，其包裹体的成分、形状和大小各异，以及出现不同组合，在宝石鉴定中具有重要的意义，可以：鉴定宝石种属；判别部分宝石的产地；区分天然宝石和人造宝石；检测优化处理的宝石；评价宝石的净度和品质。

3

肉眼鉴定宝石的方法

3.1 肉眼鉴定的内容和方法

宝石的肉眼鉴定主要指不借助仪器条件下的鉴定，其鉴定原理正是依据上一章中宝石的性质。

在野外和商业市场一般都是肉眼鉴定，在这些场合也较难使用到实验室中的鉴定仪器，因此肉眼鉴定在整个宝石鉴定中占非常重要的地位。肉眼鉴定不但可以将未知样品的可能性缩小范围，并可直接鉴定部分特征明显的珠宝玉石，如孔雀石等。

肉眼鉴定主要包括肉眼观察和其它性质观察测试，如手掂重、手触的凉感或温感、热电性、静电性、磁性等的观察测试，具体的肉眼鉴定内容见图3-1-1。

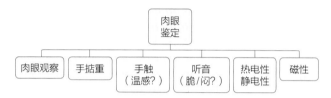

图3-1-1 肉眼鉴定宝石的内容

肉眼观察是鉴定的第一步，也是最重要的一步，适用于任何珠宝玉石。其原理是通过肉眼观察的方法来确定，包括颜色、形状、透明度、光泽、特殊光学效应、解理、断口以及某些内、外部特征等珠宝玉石的某些性质，从而达到缩小鉴定范围和评价质量的目的。

在肉眼观察时，主要的观察内容包括：

① 光学特征，如颜色、形状、透明度、光泽、特殊光学效应等项目。

② 力学特征，如是否具解理、断口，据表面光滑程度等来判断硬度的大致范围。

③ 切工特征，如宝石的琢型是刻面还是非刻面，可以反映宝石的硬度、净度、包裹体等特征；棱线交角的尖锐程度、棱线磨损程度、棱角的断口等可反映宝石的硬度特征。

④ 包裹体特征，在光源照明下，观察较为明显的内部特征。

在观察宝石的上述内容时需要合理地借助光源，以尽可能地观察到宝石的各方面特征。主要的光源使用包括反射光和透射光。反射光照明时，光源和人眼在宝石的同侧，如图3-1-2；透射光照明时，光源和人眼在宝石的异侧，如图3-1-3。

图3-1-2 反射光观察宝石

反射光可以观察到宝石的颜色、形状、光泽、特殊光学效应等项目，是否具解理、断口等力学特征及切工特征；透射光可以观察到宝石的透明度和包裹体等特征。

对于掂重等的观察测试并不适用于所有珠宝玉石，只有部分珠宝玉石适用。其它特征的徒手观察测试，包括手触的凉感

图3-1-3 透射光观察宝石

或温感、热电性、静电性、磁性等的观察测试。

3.2　宝石光学特征的肉眼观察

宝石肉眼特征的观察主要包括颜色、光泽、透明度、特殊光学效应和发光性等的观察，如图3-2-1所示。

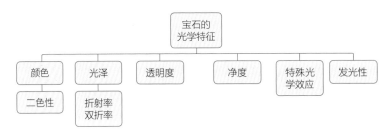

图3-2-1　宝石光学特征的肉眼观察

（1）颜色

在观察宝石的颜色时，用自然光或等效光源——荧光灯；尽量不使用白炽灯，在白炽灯下宝石的颜色与自然光下可能稍有不同；使用反射光观察（不使用透射光），宝石台面向上观察；观察背景尽量选用白色或者黑色。

为了便于比较和统一，常以标准色谱红、橙、黄、绿、青、蓝、紫或其混合色及白色、黑色、无色来描述矿物的颜色。

对于两种颜色的复合色调，采用主色在后，辅色在前的方式，如紫红色、黄绿色等；必要时在颜色前加上深浅及明暗程度的描述，如浅黄绿色、暗绿色；把颜色条带、局部色域归为包体。另外，也可依最常见的实物来描述矿物的颜色，如砖红色、草绿色等。

很多宝石的颜色在鉴定中具有非常重要的作用，常见的具有特征颜色的宝石如表3-2-1和表3-2-2所示。

表3-2-1　具有特征颜色的常见宝石

宝石	特征颜色
橄榄石	淡－深的橄榄绿，深绿色
绿松石	特征的天蓝色、蓝绿色
青金石	蓝色基底，常有金黄色和白色斑点
方钠石	蓝色基底，常伴有深红和白色斑块
碧玉	绿色，常带黑色斑点
孔雀石	绿色，环带状
岫玉	淡黄绿色
海蓝宝石	淡蓝色，淡绿色
芙蓉石	淡粉色
紫晶	浅－深的紫色
铬透辉石	深绿色
紫锂辉石	淡紫粉色

表3-2-2　特殊光学效应致色的宝石

宝石	特征颜色
合成变色蓝宝石	日光灯下蓝色，白炽灯下紫红色
月光石	白色、灰色、橙色的基底，漂浮乳白色-蓝色的游光
日光石	透明的基底，内部赤红色的小片定向排列
拉长石	透明基底，内含黑色小片，转动到某一角度可见蓝色等晕彩
欧泊	观察角度不同，颜色变化

（2）光泽

观察宝石的光泽时，用反射光观察抛光面、粗糙面和断口处。对于同一种宝石，其抛光面和粗糙面的光泽常常会不同，如钻石的原石和抛光刻面的光泽一般分别为油脂光泽和金刚光泽。

此外，光泽不仅反映矿物的折射率和抛光程度，还反映硬度，这正是肉眼观察的重点。硬度小于6的宝石，佩戴一段时间后，会被空气中的粉尘磨蚀，抛光平面出现横七纵八的划痕，光泽也会相应减弱。

图3-2-2　翡翠A货的玻璃光泽

光泽在鉴定中的作用（常见例证）如下：

① 翡翠A、B货鉴定　天然翡翠（俗称A货）一般都具有典型的玻璃光泽；酸洗加冲胶处理翡翠（俗称B货）因为充胶，胶的折射率一般低于翡翠的折射率，而且胶过一段时间之后容易被空气中的粉尘磨蚀，因而B货光泽弱于玻璃光泽。如图3-2-2、图3-2-3所示，翡翠A货具有玻璃光泽，翡翠B货具有油脂光泽。

② 玻璃制品　玻璃的硬度较低，也容易被空气中的粉尘磨"花"、磨"毛"，因而佩戴一段时间的玻璃首饰光泽会减弱。

图3-2-3　翡翠B货的油脂光泽

③ 钻石及其天然仿制品　钻石的天然仿制品一般是水晶、托帕石等，为玻璃光泽；钻石为典型的金刚光泽。

④ 浸蜡或注胶绿松石　浸蜡或注胶可以填堵绿松石的空隙，提高其镜面反射率，进而提高其光泽。

⑤ 紫色萤石和紫晶　紫色萤石为弱玻璃光泽，紫晶为玻璃光泽。

⑥ 和田玉籽料与山料　和田玉籽料结构细腻，一般是油脂光泽；山料颗粒粗大，反光较强，常为玻璃光泽。

⑦ 区分橘黄色锰铝榴石和钙铝榴石　橘黄色的锰铝榴石和钙铝榴石颜色相似，经常都被称为"橘色石榴石"，但是二者的价值却相差甚远。锰铝榴石的折射率为1.81，为典型亚金刚光泽；钙铝榴石的折射率为1.74，为强玻璃光泽。

（3）透明度

观察宝石透明度时用透射光来判断，如手电筒等强光源。透明度会影响宝石的亮度。宝石中包体、杂质和裂隙较多时，亮度低。

透明度在鉴定中的作用（常见例证）如下：

① 区分宝石和玉石　同一颗单晶宝石的透明度相对均匀，同一块集合体，即岩石的透明度差异较大，如图3-2-4所示钠长石玉手镯的透明度差异。

② 部分宝石有特征的透明度　如黑曜岩为微透明，如图3-2-5所示。

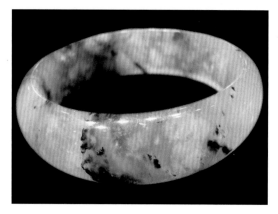

图3-2-4　钠长石玉的透明度不均一

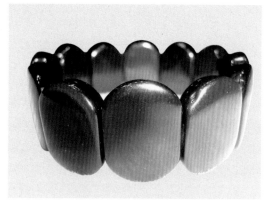

图3-2-5　微透明的黑曜岩

（4）亮度

观察宝石的亮度时用反射光。

亮度在鉴定中的作用（常见例证）如下：

① 区分钻石及其天然和合成的仿制品　钻石具有高亮度，其合成的仿制品的亮度一般稍弱于钻石，天然仿制品则更弱。

② 区分橘黄色锰铝榴石和钙铝榴石　钙铝榴石的折射率较低，而且里面常含大量晶体包体，因而亮度一般较锰铝榴石低。

③ 区分有色水晶和合成立方氧化锆　合成立方氧化锆的折射率高、硬度更大，内部一般洁净，因而亮度较水晶更高，如图3-2-6和图3-2-7所示。

图3-2-6　合成立方氧化锆

图3-2-7　水晶

此外，亮度还可以用于评价同种宝石的质量。一般而言，亮度高的宝石内部净度及切工质量更高。如内部净度更高的锰铝榴石，具有更高的亮度，如图3-2-8和图3-2-9所示。

图3-2-8　净度较低的锰铝榴石

图3-2-9　净度高的锰铝榴石

（5）火彩

观察宝石的火彩时用反射光，可轻轻转动宝石从不同角度观察。

切磨成刻面的宝石其火彩强弱取决于其色散值、切磨角度和颜色深浅等。其中色散值对于宝石矿物来是固定的物理参数。色散值越大，色散强度越大（火彩越强）。

火彩在鉴定中的作用（常见例证）如下：

① 区分钻石及其天然和合成的仿制品　钻石的火彩强而柔和；钻石的天然仿制品，如水晶、托帕石等，火彩明显弱于钻石；合成的仿制品，如合成立方氧化锆、合成莫桑石等，火彩强于钻石。

② 区分紫色玻璃和紫晶　紫色玻璃的火彩强于紫晶。

③ 初步区分人造和天然宝石　人造宝石的色散值较大，火彩较强。

（6）特殊光学效应

观察宝石的特殊光学效应时用顶部平行光照射，并可轻轻转动宝石从不同角度观察，猫眼效应的观察如图3-2-10所示；星光效应的观察如图3-2-11所示；砂金效应的观察如图3-2-12所示。

图3-2-10　猫眼效应的观察（矽线石）

图3-2-11　星光效应的观察（黑色蓝宝石）

图3-2-12　砂金效应的观察（东陵石）

对于变色效应，需要使用不同光源照射，进行观察，一般是先在自然光或日光灯下观察，再用白炽灯从顶部照射观察。如图3-2-13所示。

（a）日光灯下　　　　　　　　　　　　　　　　（b）白炽灯下

图3-2-13　变色效应宝石的观察（合成变色蓝宝石）

（7）非均质体宝石的光学性质

　　对于非均质体宝石除了观察以上特征外，还需要观察双折射和多色性。

　　双折射率大于0.020的宝石，在10倍放大镜下一般可见后刻面棱、内部线状包体等的重影；对于大颗粒的宝石，肉眼有时可见。这可以成为鉴定宝石重要的特征。对于弧面或原石，可放置有线的纸上，观察线是否变双，如图3-2-14所示。

图3-2-14　双折射率的观察（方解石）

　　对于多色性的观察，需要从相互垂直的3个不同角度去观察，一般是垂直宝石的台面方向，以及平行台面的两个相互垂直的角度进行观察。如图3-2-15，从垂直台面和平行台面的方向，可以观察到碧玺呈现两种明显不同的颜色。

（a）垂直台面　　　　　　　　　　　　　　　　（b）平行台面

图3-2-15　碧玺二色性的观察

3.3　宝石力学特征的肉眼观察

　　宝石力学特征的观察主要内容如图3-3-1所示。

图3-3-1 宝石的力学特征观察内容

解理对于原石晶体，用反射光观察；对于宝石可先用反射光观察表面，是否呈阶梯状外观或具有平行裂隙，再用透射光观察内部是否具有一组或几组平行的裂隙。如图3-3-2所示，托帕石晶体底部具有一组解理。

断口是用反射光观察表面，特别是棱角处。

宝石的硬度观察是非常重要的一项内容，用反射光观察。宝石摩氏硬度小于6，佩戴一段时期后，会受到空气中粉尘的磨蚀，表面变"花"，表面出现划痕、棱线磨损，如图3-3-3所示，萤石表面的划痕，棱线的磨损，以及因解理而产生的破裂；榍石的摩氏硬度为5~5.5，使用一段时间后表面会出现划痕和棱线磨损，但没有萤石严重，如图3-3-4所示。

图3-3-2 托帕石的一组解理　　　图3-3-3 萤石表面的磨损　　　图3-3-4 榍石的表面磨损

对于硬度大但韧性差（即脆性大）的宝石棱线容易受到磨损，但表面一般较少出现划痕，如图2-3-16所示锆石的脆性。

3.4 宝石切工特征的肉眼观察

宝石切工（cutting）指宝石切磨和抛光，切工特征就是指宝石切磨和抛光的工艺特征。切工特征不但可以帮助观察者鉴定宝石，而且还是评价宝石质量的重要因素。观察宝石的切工特征主要使用反射光。

对于硬度高的宝石，如钻石，切工具有面平、棱直、角锐的特点，其仿制品由于硬度相对低，无法达到；硬度低的宝石的棱线常容易被磨损，在切磨时无法出现尖锐的交角，往往以线代替点交汇。玉石和有机宝石基本不磨成刻面，高质量的单晶宝石，如无特殊光学效应，基本都磨成刻面，而不是弧面或雕件。此外，由于弧面宝石的原料或是具有特殊光学效应的宝石，或是硬度低，或是透明度低、净度低的宝石，因而弧面宝石内部常具有包裹体。因此观察宝石的琢型等切工特征是宝石肉眼观察中非常重要的一个步骤。

宝石常见的琢型主要可分为刻面和非刻面，如图3-4-1所示。

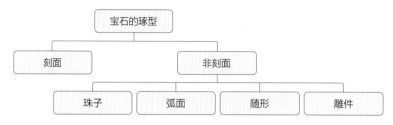

图3-4-1　宝石的琢型分类

（1）刻面琢型

刻面琢型是由一系列具几何形状并完全覆盖了宝石表面的平坦刻面组成，主要用于无色和有色的透明宝石。将宝石研磨和抛光成恰当的角度，可以显示出宝石最吸引人的颜色、亮度和火彩等，所选择的切磨款式是颜色、亮度和火彩等的折中，目的是获得这些要素的最佳平衡。

宝石的刻面琢型主要有：圆形刻面，如图3-4-2所示；椭圆形刻面，如图3-4-3所示；垫形刻面，如图3-4-4所示；梨形刻面，如图3-4-5所示；心形刻面，如图3-4-6所示；方形刻面，如图3-4-7所示；祖母绿形刻面，如图3-4-8所示。其它还有水滴形等。

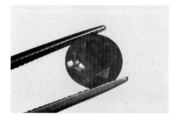

图3-4-2　圆形刻面
［长石（处理）］

图3-4-3　椭圆形刻面（橄榄石）

图3-4-4　垫形刻面（尖晶石）

图3-4-5　梨形刻面（铁铝榴石）

图3-4-6　心形刻面（合成红宝石）

图3-4-7　方形刻面（碧玺）

图3-4-8　祖母绿形刻面（碧玺）

刻面宝石一般具有三个部分，由上到下有冠部、腰部和亭部，如图3-4-9所示。冠部中间最大的面称为台面。在镶嵌宝石时，一般都用金属爪或金属边固定住宝石的腰部，让台面朝向人的视线，如图3-4-10和图3-4-11所示。

图3-4-9 刻面宝石的冠部（上）、腰部（中）和亭部（下）

图3-4-10 宝石首饰（一）

图3-4-11 宝石首饰（二）

（2）非刻面琢型

宝石的非刻面琢型主要有：随形、弧面、珠子和雕件等。常见的非刻面琢型及其所用原料见表3-4-1。

表3-4-1 常见的非刻面琢型及其所用原料

琢型名称	形状	所用原料
随形	形状不规则，是最简单的宝石造型； 基本是依据原石形状，去棱角或稍许打磨后抛光，如图3-4-12所示	各种宝石原料
弧面	有一个或两个弯曲的表面，轮廓通常为椭圆形或圆形，如图3-4-13所示 有"单凸弧面+底平面"，"双凸弧面"等	具有特殊光学效应的宝石； 硬度低、透明度低、净度低的宝石
珠子	圆、椭圆、扁等形状，一般中间钻孔，如图3-4-14所示	各种宝石原料 原材料往往具有更多的包裹体而且透明度较差； 具有特殊光学效应的宝石； 硬度低、透明度低、净度低的宝石
雕件	雕刻成一定形状、图案的雕刻品，如图3-4-15所示	玉石、除珍珠外的有机宝石； 透明度或净度较差的单晶宝石材料

图3-4-12 随形（符山石）

图3-4-13 弧面（符山石）

图3-4-14　珠子（蓝晶石）

图3-4-15　雕件（天河石）

3.5　宝石包裹体的肉眼观察

使用透射光和侧光对宝石包裹体进行观察，如图3-5-1～图3-5-3所示。

图3-5-1　宝石包裹体的观察
（岫玉）

图3-5-2　宝石包裹体的观察
（钙铝榴石）

图3-5-3　宝石包裹体的观察
（天然玻璃）

3.6　宝石其它性质的观察

宝石其它性质的观察和鉴定方法见表3-6-1。

表3-6-1　宝石其它性质的肉眼鉴定方法

宝石的性质	鉴定方法
相对密度	将宝石置于手掌心处，掂重
导热性	手摸是否有凉感
热电性	观察受热后是否吸灰
磁性	用镊子等轻触，如图3-6-1所示

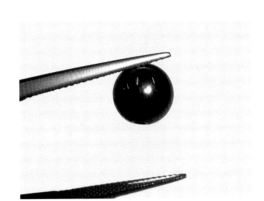

图3-6-1　磁铁矿

　　此外，还可以通过听声音，来辅助判断翡翠是否经过充胶处理。翡翠Ａ货轻轻地敲击会发出清脆的声音，而轻轻敲击翡翠Ｂ货，则声音沉闷。

4

钻石

4.1 钻石的特征

钻石指宝石级金刚石。钻石需要在地幔超高温高压的环境下形成，通过火山喷发带到地表。钻石的年龄一般30.6亿~40.5亿年，古老钻石的年龄达到45亿年，最年轻的钻石也有9.9亿年。

4.1.1 应用历史与传说

钻石的英文名称diamond，源自于希腊语"adamant"，其意为不可破灭，难以征服。由于钻石具许多优越性质，如硬度最大、折射率高、光泽强、色散强等，加工后不易磨损、永远光彩夺目，故被誉为"宝石之王"。

钻石是自然界中最硬的矿物。我国佛教经典中称钻石为"金刚不坏"，意思是任何物质都破坏不了它。

关于钻石有很多传说，很多钻石也以人名来命名。几乎每一颗名钻都有一段传奇的经历，为人们津津乐道。历史上有很多著名的钻石，如：英王权杖上的"库里南1号"和王冠上的"库里南2号"，最著名的"噩运之星"蓝色钻石"希望"（Hope），以及"摄政王""光明之山""千禧之心""泰勒-波顿"等。

如今，钻石象征着"爱情"与"永恒"。"钻石恒久远，一颗永流传"（A diamond is forever）的宣传语已深入人心，很多年轻人结婚时都会购买钻戒，以此表达自己永恒坚贞的爱情信念。

钻石还是四月的生辰石，也是结婚60周年的纪念石。

4.1.2 基本性质与分类

钻石的基本性质见表4-1-1。

表4-1-1 钻石的基本性质

化学成分		C（碳），可含有N、B、H等微量元素
晶系		等轴晶系
晶形		多呈八面体、菱形、十二面体、立方体及其各种聚形；晶面常有生长纹，见图4-1-1和图4-1-2
光学特征	颜色	无色至浅黄（褐、灰）系列：无色、淡黄、浅黄、浅褐、浅灰； 彩色系列：黄、褐、灰及浅至深的蓝、绿、橙、粉红、红、紫红，以及黑色，见图4-1-3和图4-1-4
	光泽	金刚光泽
	亮度	高
	火彩	强而柔和
	发光性	将钻石置于日光下曝晒后，会发出淡青蓝色的磷光
	特殊光学效应	变色效应（极稀少）
力学特征	摩氏硬度	10，不同晶面各方向的硬度有差异
	解理	4组中等解理
	相对密度	3.52
其它性质		导热性； 蓝钻具有导电性
包裹体		浅色至深色矿物包体，云状物，点状包体，羽状纹，生长纹，内凹原始晶面，见图4-1-1

图4-1-1　钻石晶体和内部包裹体

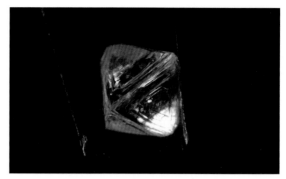

图4-1-2　无色钻石晶体的生长纹

图4-1-3　黄色钻石

图4-1-4　黑色钻石

钻石的分类见表4-1-2。

表4-1-2　钻石的分类

类型		微量元素	颜色	占天然钻石的比例
Ⅰ型 （含N）	Ⅰa型	含N较多，0.1%～0.3%，N以聚集体形式存在	无色—黄色	约98%
	Ⅰb型	含N较少，分散存在	无色—黄色 棕色	约0.1%以下，大多为人造金刚石
Ⅱ型 （不含N）	Ⅱa型	不含氮，碳原子因位置错移造成缺陷	无色—棕色 粉红色（极稀少）	约2%
	Ⅱb型	含少量B元素	蓝色，具有导电性	0.1%以下

4.1.3　主要鉴定特征

①　钻石具有典型的光泽、亮度和火彩，即强金刚光泽、高亮度、火彩强而柔和，如图4-1-3、图4-1-5和图4-1-6所示。天然仿制品的光泽和火彩较弱；合成仿制品的光泽和火彩过强。根据上述特征，有经验的人往往用肉眼观察就能初步区分钻石与其它仿制品。

②　钻石的切工具有面平、棱直、角锐的特点，切磨后钻石表面光滑，具有笔直的棱线、锋利的尖锐交角，如图4-1-6所示。这些切工特征是由于钻石为自然界硬度最大的矿物，因而面、棱不易磨损，能保持刻面棱线锋利。

图4-1-5　钻石（一）

图4-1-6　钻石（二）

③ 肉眼或10倍放大镜下，在钻石腰棱处有时可见到略微向内侧延伸的须状劈裂纹"胡须"、残留的原始晶面及小三角形凹陷（蚀象）；钻石内部可有浅色至深色矿物包体，云状物，点状包体，羽状纹，生长纹等。

④ 不具有透视效应。将钻石的台面置于线条上，从亭部看不到线条，由于钻石依据全反射原理进行切工设计，从冠部进入的光全部返回到冠部，如图4-1-7所示，从左至右为：合成立方氧化锆、人造钇铝榴石和钻石，钻石不具有透视效应，因而观察不到线条。钻石的仿制品的折射率与钻石不

图4-1-7　钻石及其仿制品的透视效应
（左、中具有透视效应；右为钻石，不具透视效应）

同，模仿钻石的切割琢型，从而无法达到全反射，从冠部进入的光不能全部返回，因此可以看到线条。

⑤ 具有亲油性。天然钻石有较强的油亲和能力，当用油性水笔在表面划过时，可留下清晰而连续的线条；划在钻石仿制品表面时墨水常常会聚成一个个小液滴，不能出现连续的线条。

⑥ 具有疏水性。充分清洗样品，将小水滴点在样品上，如果水滴能在样品的表面保持很长时间，则说明该样品为钻石；如果水滴很快散布开，则说明样品为钻石的仿制品。

⑦ 手摸有凉感。由于钻石的导热性好，因此，手摸具有凉感。

⑧ 手掂重。钻石的相对密度为3.52，较恒定。将钻石置于手掌心轻掂，较重。钻石合成仿制品的相对密度一般比钻石大1.5~2倍，手掂较重；天然的仿制品，如水晶的相对密度为2.65，手掂较轻。

4.1.4　优化处理

钻石的优化处理主要是提高颜色等级或改变颜色，以及提高净度等级等。

（1）颜色优化处理

① GE POL 钻石　美国通用电器公司（GE）采用高温高压的方法将Ⅱa型褐色的钻石处理成无色的钻石，在实验室也较难鉴定。但GE公司会在此类处理钻石的腰棱表面用激光刻上"GE POL"字样。

② Nova钻石　美国诺瓦公司（Nova Diamond）采用高温高压的方法将常见的Ⅰa型褐色钻石处理成鲜艳的黄色-绿色钻石，并刻有Nova钻石的标识。

③ 辐照改色　辐照钻石的颜色一般为蓝色和绿色。

蓝色的钻石可以通过是否具有导电性进行区别。天然蓝钻由于含有微量的硼（B）元素而具有导电性，辐照处理蓝色钻石则不具有导电性。绿色等颜色的处理钻石则需要专业实验室的现代测试分析来综合确定。

（2）净度处理

① 激光打孔　当钻石中含有色和黑色包体时，会大大影响钻石的净度。利用激光技术在高温下对钻石进行激光打孔，直达包体，将钻石中的有色包体用化学药品进行清理除去。

② 裂隙充填　对有通达表面裂隙的钻石，包含激光打孔的钻石，进行充填处理，以改善其净度及透明度。此类钻石不能参加钻石的4C分级。

4.1.5　合成钻石

1970年，美国通用电气公司首次研制出宝石级合成钻石，重量大于1ct，黄、蓝和近无色，但因成本太高而不具商业意义。1985年，日本住友电子工业公司开始小批量生产黄色宝石级合成钻石并投放市场。1993年，俄罗斯生产的彩黄色合成钻石也开始进入国际市场。我国目前也能生产克拉级的合成钻石。以前的合成钻石，颜色较黄，常带有金属包裹体，如图4-1-8所示。

图4-1-8　合成钻石

近年来化学气相沉积法（CVD）等方法合成的内部洁净、颜色级别高的大颗粒宝石级钻石也不断涌现，一般需要实验室现代测试仪器进行分析测试。

总体而言，合成钻石与天然钻石在生长结构、包体等方面有差异，在检测时一般需要专业检测机构的专业测试仪器，如钻石观察仪、钻石确认仪等进行确认。

4.1.6　产地

印度是古代钻石原产国，很多名钻如"光明之山""摄政王"等，都产自印度。巴西是继印度之后的钻石主要出产国，18世纪中期，巴西是当时最大的钻石出产国。但目前这两国并没有重要的钻石矿。

19世纪70年代，南非爆发钻石热，也称为"钻石风暴"，非洲国家成为钻石的主要出产国。非洲南部是世界主要钻石产区，南非、安哥拉、扎伊尔、博茨瓦纳、纳米比亚等都是重要的钻石出产国。

澳大利亚的钻石储量很大，也是最大的钻石出产国，但大部分是工业钻。20世纪90年代在在加拿大西北部发现了大储量的钻石原生矿，其中相当部分为宝石级。俄罗斯也是重要的宝石级钻石出产国。

我国湖南沅江流域的砂矿，品位低，分布较零散，但质量好；山东蒙阴的原生矿储量较大，但质量较差，一般偏黄，以工业用钻石为主，曾出产我国最大的钻石"常林钻石"；辽宁瓦房店发现过我国最大的原生钻石矿，矿储量大，质量好，宝石级钻石产量高。

4.1.7　保养

钻石不宜用硬物撞击，因为虽然钻石的硬度是宝石中最高的，但具有四组解理；不宜用镊子用力夹钻石的底尖，以免造成破口。

不宜长期使用超声波清洗钻石首饰，避免引发钻石中的裂隙，可用酒精棉仔细擦拭清理钻石首饰；定时检查钻石首饰的镶爪是否松脱，避免钻石脱落。

4.2　钻石的主要仿制品

由于钻石的单价很高，又广为大众所接受，因而仿制品也众多。其仿制品可分为天然仿制品和人工仿制品。

4.2.1　钻石的天然仿制品

钻石的天然仿制品包括无色蓝宝石、托帕石、水晶和锆石等，主要鉴定特征见表4-2-1。钻石天然仿制品的主要特点是亮度和火彩一般不如钻石强，如图4-2-1所示的托帕石和图4-2-2所示的水晶；亮度与火彩较高的锆石韧度低、脆性大，棱线易磨损，且有明显的双折射，见图4-2-3。

表4-2-1　钻石与主要天然仿制品的鉴定特征

性质	钻石	无色蓝宝石	托帕石	锆石	水晶
化学成分	C	Al_2O_3	$Al_2SiO_4(F,OH)_2$	$ZrSiO_4$	SiO_2
颜色	白色	白色，苍白	白色	白色	白色
光泽	金刚光泽	强玻璃光泽	玻璃光泽	金刚光泽	玻璃光泽
亮度	高	较高	低	高	低
色散	强而柔和	弱	弱	强	弱
解理	4组中等	无	1组完全解理	无	无
摩氏硬度	10	9	8	7~7.5	7
相对密度（手掂重）	3.52	4.00	3.53	4.8 手掂重：重	2.65 手掂重：轻
后刻面棱重影	无	不明显	不明显	明显	不明显
包体（10倍放大）	微小包体	气液包体	气液包体	通常洁净	气液包体

性质	钻石	无色蓝宝石	托帕石	锆石	水晶
切工	好， 面平、棱直、角锐	较差， 棱线常不能交于 一点、棱线磨损	较差， 棱线常不能交于一 点、棱线磨损	较差， 棱线常不能交于 一点、棱线磨损	较差， 棱线常不能交于 一点、棱线磨损
透视效应 （台面置于线条上）	无 （看不见线条）	有 （可见线条）	有 （可见线条）	有 （可见线条）	有 （可见线条）
疏水性（滴水实验）	水滴保持	水滴很快散开	水滴很快散开	水滴很快散开	水滴很快散开

（a）冠部

（b）亭部

图4-2-1　托帕石

图4-2-2　水晶

图4-2-3　锆石

4.2.2　钻石的合成仿制品

钻石的合成仿制品包括铅玻璃、合成立方氧化锆、合成碳硅石等。

铅玻璃只能模仿钻石的亮度和火彩，由于铅玻璃的硬度小，表面极易出现划痕和棱线磨损，因此并不是钻石的主要仿制品。与钻石易混淆的合成仿制品主要是合成立方氧化锆和合成碳硅石。

（1）合成立方氧化锆

钻石当前最主要的仿制品当属合成立方氧化锆（synthetic cubic zirconia）。它不仅无色透明，而且其折射率、色散、硬度都近似于天然钻石，是钻石最常见的仿制品，如图4-2-4所示的由合成立方氧化锆1:1比例制作的世界名钻的复制品。

图4-2-4 名钻复制品（合成立方氧化锆）

合成立方氧化锆自20世纪80年代进入珠宝市场以来，因其产量大、生产成本低等优势，迅速冲击了其它钻石仿制品原有的市场，如人造钇铝榴石（YAG）、人造钆镓榴石（GGG）等，现在这两种合成宝石除工业用途外，在珠宝市场上已较难见到。

正是由于价格低、产量大、颜色多样、光泽强、硬度较高等因素，立方氧化锆已成为很多低价格首饰用的首选材料之一。在很多较低价格的珠宝饰品上，特别是一些合金或银镶的便宜饰品上，大颗粒透明、颜色鲜艳、亮度高、火彩强的宝石，一般都是合成立方氧化锆（见图4-2-5、图4-2-6）。很多珠宝商把其称为"锆石"，但是其准确的命名应该是"合成立方氧化锆"。容易混淆的是，以前无色的小颗粒天然锆石，也经常被镶嵌在银或其它金属饰品上，以模仿钻石。因此，需要将这二者分开。

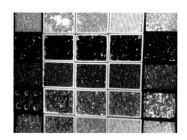

图4-2-5 各种颜色的合成立方氧化锆

（a）冠部观察

（b）亭部观察

图4-2-6 合成立方氧化锆具有高亮度和强火彩

（2）合成碳硅石

合成碳硅石（synthetic moissanite）也被称为"莫桑石""莫伊桑石""美神莱"等。莫桑石（合成碳硅石）的英文moissanite，来源于Henri Moissan博士，1904年他在亚利桑那陨石坑中发现了天然的莫桑石。莫桑石（碳化硅的一种）也称为carborundum，大部分莫桑石均为人工合成，天然莫桑石非常稀少，目前仅在陨石坑发现，颜色多为暗绿色、黑色，尺寸微小，不适合作为宝石的原料。因而在宝石业和工业上应用的莫桑石一般都是合成的。

由于合成莫桑石的摩氏硬度可达到9.25，多年来主要用作磨料等方面。20世纪末美国推出的宝石级合成碳硅石的物理性质更接近钻石，特别是导热性。合成碳硅石和钻石在手持宝石热导仪下的反应一样。在合成碳硅石问世之前，手持热导仪一直是鉴定钻石及其仿制品最有效的仪器之一。另外还有一种"钻石–合成碳硅石确认仪"，来专门区分钻石和合成碳硅石。

（3）钻石、合成立方氧化锆和合成碳硅石的鉴定特征

钻石、合成立方氧化锆和合成碳硅石可通过颜色、硬度观察、后刻面棱重影和包裹体等鉴定区分，见表4-2-2。

表4-2-2　钻石与主要合成仿制品的鉴定特征

性质	钻石	合成立方氧化锆	合成碳硅石
化学成分	C	ZrO_2	SiC
颜色	白色	白色，显得苍白 见图4-2-7	略带浅黄、浅绿色调 见图4-2-7
光泽	金刚光泽	亚金刚光泽	亚金刚光泽
亮度	高	高	高
火彩（色散）	强而柔和	比钻石强	比钻石强
解理	4组	无	无
摩氏硬度	10	8.5	9.25
相对密度 （手掂重）	3.52	5.80 手掂重：重	3.22
后刻面棱重影	无	无	明显，见图4-2-8
包裹体 （肉眼及10倍放大）	微小包体	通常洁净	平行于腰部的线状包体，见图4-2-9
切工	好， 面平、棱直、角锐	较差， 棱线常不能交于一点，有抛光痕、棱线磨损等，见图4-2-10	较好
透视效应 （台面置于线条上）	无（看不见线条）	有（可见线条） 见图4-2-11	有（可见线条）
疏水性（滴水实验）	水滴保持	水滴很快散开	水滴很快散开
导热性（热导仪测试）	强	相对弱	强

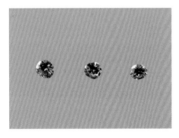
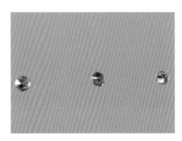

图4-2-7　合成碳硅石（左）、合成立方氧化锆（中）和钻石（右）

图4-2-8　合成碳硅石的后刻面棱重影

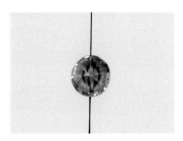

图4-2-9　合成碳硅石的腰部线状包体

图4-2-10　合成立方氧化锆的棱线磨损

图4-2-11　合成立方氧化锆具有透视效应

4.3　钻石的琢型

大部分的宝石级钻石是无色－浅黄（褐、灰）系列的。无色钻石的美丽主要来自于亮度和火彩，因此琢型和切磨质量就显得尤为重要。

钻石的琢型可以说是所有刻面宝石中最复杂的。人们将刻面宝石切磨分为钻石切磨和宝石切磨，将切磨宝石的人分为钻石切磨师和宝石切磨师，可见钻石切磨在整个宝石切磨中的重要性。即使在今天，大的钻石一般也都还是人工切磨。

钻石的硬度高，很难琢磨。钻石在不同方向上硬度有差异，因此只能用钻石来抛磨钻石。最初的钻石只是磨出几个面，以今天的标准很难称得上美丽。很多人去博物馆参观古代的钻石时，可能会略有失望，因为当时的抛磨工艺很难让钻石的亮度和火彩这两个最重要的美丽要素得以体现。

直到1909年，波兰人塔克瓦斯基（Tolkowsky）根据钻石的折射率，按照全反射原理，设计出最佳反光效果的58个刻面的标准钻石型，将钻石的光学性质才完美体现出来。今天钻石的切割工艺不断创新，但基本原理都是全反射，即使进入钻石的光都反射出来，并达到亮度和火彩的最大平衡。

4.3.1　标准圆钻琢型

标准圆钻型切工，也称明亮式切工，是最常用的钻石琢型。依据全反射原理设计，可充分发挥钻石的高折射率、高色散的光学特性，产生高的亮度和强的火彩效应。

标准圆钻型分为冠部（crown）、腰部（girdle）和亭部（pavilion）。腰部是钻石中直径最大的圆周部分；腰以上部分为冠部，有33个刻面，包括台面（table facet）、冠部主刻面（风筝面）（upper main facet）、星刻面（star facet）和上腰面（upper girdle facet）；腰以下部分为亭部，有24或25个刻面，包括亭部主刻面（pavilion main facet）、下腰面（lower girdle facet）和底尖（或底小面）（culet）。具体见表4-3-1、图4-3-1～图4-3-4。

表4-3-1　标准圆钻型钻石的刻面

刻面名称		数量	特征
冠部	台面	1	冠部八边形刻面
	冠部主刻面（风筝面）	8	冠部四边形刻面，形似风筝
	星刻面	8	冠部主刻面与台面之间的三角形刻面（围绕着八边形8个边的小三角形）
	上腰面	16	腰与冠部主刻面之间的似三角形刻面
亭部	亭部主刻面	8	亭部四边形刻面
	下腰面	16	腰与亭部主刻面之间的似三角形刻面
	底尖（或底小面）	0（或1）	亭部主刻面的交汇处，呈点状或呈八边形小刻面

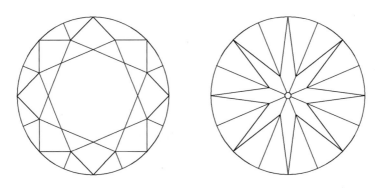

图4-3-1 钻石的冠部俯视图和亭部俯视图

图4-3-2 标准圆钻型琢型模型（石英岩）

图4-3-3 标准圆钻型琢型钻戒

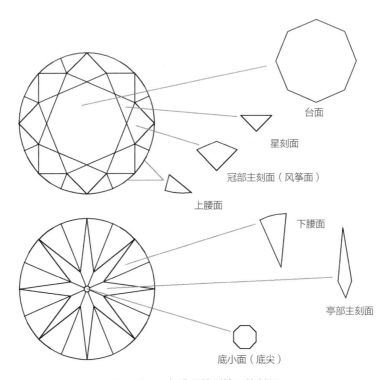

图4-3-4 标准圆钻型钻石的刻面

4.3.2　花式琢型

花式琢型是指标准圆钻琢型以外的其它琢型，椭圆形、橄榄形、水滴形、心形、长方形等。

椭圆形、橄榄形（榄尖形）、水滴形、心形等是由圆钻琢型变化而来，可视为将冠部的圆形改变成椭圆形、橄榄形（榄尖形）、水滴形、心形等，因此这类是标准圆钻型的变形，也可被视作明亮式切工，见图4-3-5~图4-3-7。

钻石切磨成长方形（阶梯琢型）主要针对有特别好的颜色和净度的钻石，突出钻石的高颜色级别和净度以及亮度，不着重于火彩和闪烁，见图4-3-6和图4-3-8。

图4-3-5　椭圆明亮式琢型模型（石英岩）

图4-3-6　花式切工模型（垫形、梨形、椭圆形明亮式琢型和阶梯琢型模型）（合成立方氧化锆）

图4-3-7　榄尖形琢型（钻石）

图4-3-8　阶梯形琢型（钻石）

4.4　钻石的4C分级

在所有宝石中，只有钻石有广为被接受的分级标准。自20世纪50年代，钻石分级标准建立，因其具有易于被理解和容易操作执行等特点，因而在钻石交易中广泛使用。

钻石的分级也称4C分级，4C是指钻石品级评价的4个因素，即颜色（colour）、净度（clarity）、切工（cut）、克拉重量（carat weight），因其首字母都是c，所以称为4C。钻石4C分级指通过这4个要素对钻石进行综合评价，进而确定钻石的价值。

根据GB/T 16554—2010，钻石分级的适用条件如下。

① 钻石的质量：未镶嵌抛光钻石≥0.20ct，镶嵌抛光钻石质量在0.20～1.00ct（含）；质量<0.20ct抛光钻石分级可参照标准执行。

② 钻石的颜色：无色至浅黄（褐、灰）色。

③ 钻石的切工：标准圆钻型。

④ 钻石未经覆膜、裂隙充填等优化处理。

4.4.1　钻石的颜色分级

钻石根据其颜色可分为无色和彩色。无色类（white）为完全无色－明显浅黄（褐）色系列；无色类钻石以越接近完全无色品级越高。彩色类（fancy color）为除黄（褐）色系列外各种较鲜明的颜色。彩色类钻石则以色彩越艳丽、色调越纯正、色饱和度越高越昂贵。

钻石颜色分级主要针对无色－浅黄（褐、灰）色系列的钻石；对于彩钻，只进行颜色描述。

（1）分级方法

采用比色石，用比色法在规定的环境下用肉眼对钻石颜色进行等级划分，见图4-4-1。

比色石是一套已标定颜色级别的标准圆钻型切工钻石样品，可为7～11颗，依次代表由高至低连续的颜色级别，比色石的级别代表该颜色级别的下限。钻石的颜色分级采用待分级的钻石与比色石对比的方式完成。

（2）颜色等级

钻石的颜色等级最高为D级，最低为<N级，具体见表4-4-1。

图4-4-1　肉眼使用比色石进行颜色分级

表4-4-1　钻石的颜色等级

颜色等级	颜色特征
D	纯净无色、极透明，可见极淡的蓝色
E	纯净无色，极透明
F	任何角度观察均为无色透明
G	1ct以下的钻石从冠部、亭部观察均为无色透明，1ct以上的大钻石从亭部观察显示似有似无的黄（褐、灰）色调
H	1ct以下的钻石从冠部观察看不出任何颜色色调，从亭部观察可见似有似无的黄（褐、灰）色调
I	1ct以下的钻石冠部观察无色，亭部观察呈微黄（褐、灰）色
J	1ct以下的钻石冠部观察近无色，亭部观察呈微黄（褐、灰）色
K	冠部观察呈浅黄（褐、灰）白色，亭部观察呈很浅的黄（褐、灰）白色
L	冠部观察呈浅黄（褐、灰）色，亭部观察呈浅黄（褐、灰）色
M	浅黄（褐、灰）色；冠部观察呈浅黄（褐、灰）色，亭部观察带有明显的浅黄（褐、灰）色
N	浅黄（褐、灰）色；从任何角度观察钻石均带有明显的浅黄（褐、灰）色
<N	黄（褐、灰）色；非专业人士都可看出具有明显的黄（褐、灰）色

（3）荧光强度分级

钻石一般都发荧光。在有紫外线时，钻石的荧光会被激发，从而可能对无色-浅黄（褐、灰）的钻石颜色产生影响。

钻石的荧光分级是使用荧光比色石进行。荧光比色石是一套已标定荧光强度级别的标准圆钻型切工的钻石样品，由3粒组成，依次代表强、中、弱三个级别的下限。按钻石在长波紫外光下发光强弱，划分为"强""中""弱""无"四个级别。

（4）颜色分级的影响因素

光源、肉眼识别颜色的能力、紫外荧光、背景色调、钻石的大小、色带和色域、包体等。

特别需要注意的是黄光源、黄-白光源的混合、背景为彩色等对观察者的影响，很容易让观察者觉得钻石发黄；日光中的紫外线会激发钻石的荧光，使钻石的颜色看起来稍有不同。

观察钻石的颜色时，应尽量在没有日光的室内，在非彩色背景下使用白色光源观察。

4.4.2　钻石的净度分级

钻石的净度分级是在10倍放大镜下，对钻石的内部和外部特征进行等和级划分，见图4-4-2。根据净度特征（内含物）的位置、大小、数量、可见度、对钻石美观和寿命的影响来定出钻石净度级别。

（1）钻石的内外部特征

钻石的内部特征是指包含或延伸至钻石内部的天然包体、生长痕迹和人为造成的缺陷，包括矿物包体、云状物、点状包体、羽状纹、内部纹理、内凹原始晶面、空洞、破口、击痕、激光痕、须状腰围等。

图4-4-2　使用10倍放大镜进行净度和切工分级

钻石的外部特征指暴露在钻石外表的天然生长痕迹和人为造成的缺陷，包括原始晶面、表面纹理、刮痕、抛光纹、烧痕、额外刻面、棱线磨损、缺口、击痕、人工印记等。

（2）净度级别

我国将钻石的净度级别分为LC（loupe clean）、VVS（very very slightly included）、VS（very slightly included）、SI（slightly included）、P（pique）五个大级别，又细分为FL、IF、VVS$_1$、VVS$_2$、VS$_1$、VS$_2$、SI$_1$、SI$_2$、P$_1$、P$_2$、P$_3$11个小级别，见表4-4-2。

对于质量低于0.47ct的钻石，净度级别可划分为五个大级别。

表4-4-2　钻石的净度等级

净度等级（大级）	净度特征	净度等级（小级）	净度特征
LC	在10倍放大条件下，未见钻石具内外部特征，细分为FL、IF	FL	10倍放大条件下，未见钻石具内外部特征
		IF	10倍放大条件下，未见钻石具内部特征
VVS	在10倍放大镜下，钻石具极微小的内、外部特征，细分为VVS$_1$、VVS$_2$	VVS$_1$	钻石具有极微小的内、外部特征，10倍放大镜下极难观察
		VVS$_2$	钻石具有极微小的内、外部特征，10倍放大镜下很难观察

续表

净度等级（大级）	净度特征	净度等级（小级）	净度特征
VS	在10倍放大镜下，钻石具细小的内、外部特征，细分为VS₁、VS₂	VS₁	钻石具细小的内、外部特征，10倍放大镜下难以观察
		VS₂	钻石具细小的内、外部特征，10倍放大镜下比较容易观察
SI	在10倍放大镜下，钻石具明显的内、外部特征，细分为SI₁、SI₂	SI₁	钻石具明显内、外部特征，10倍放大镜下容易观察
		SI₂	钻石具明显的内、外部特征，10倍放大镜下很容易观察
P	从冠部观察，肉眼可见钻石具内、外部特征，细分为P₁、P₂、P₃	P₁	钻石具明显的内、外部特征，肉眼可见
		P₂	钻石具很明显的内、外部特征，肉眼易见
		P₃	钻石具极明显的内、外部特征，肉眼极易见并可能影响钻石的坚固度

4.4.3　钻石的切工分级

切工分级指通过仪器测量或10倍放大观察，根据比率级别、修饰度（对称性级别、抛光级别）进行综合评价，10倍放大观察见图4-4-2。

钻石的美丽除了颜色、净度等自身的因素外，更多取决于钻石精良的切割，从而能充分地展示出钻石好的亮度、强而柔和的火彩等光学特征，使钻石璀璨夺目。

（1）比率

比率（proportion）指以平均直径为百分之百，其它各部分相对它的百分比，具体见表4-4-3。比率级别分为极好（excellent，EX）、很好（very good，VG）、好（good，G）、一般（fair，F）、差（poor，P）五个级别。

表4-4-3　钻石的比率

比率要素	定义
台宽比	台面宽度相对于平均直径的百分比
冠高比	冠部高度相对于平均直径的百分比
腰厚比	腰部厚度相对于平均直径的百分比
亭深比	亭部深度相对于平均直径的百分比
全深比	全深相对于平均直径的百分比
底尖比	底尖直径相对于平均直径的百分比
星刻面长度比	星刻面顶点到台面边缘距离的水平距离相对于台面边缘到腰边缘距离的水平投影的百分比
下腰面长度比	相邻两个亭部主刻面的联接点到腰边缘上最近点之间的水平投影相对于底尖中心到腰边缘距离的水平投影的百分比

比率对切工质量具有至关重要的影响，其中台宽比和亭深比是影响较大的两个比率要素。

① 台面大小对钻石切工的影响　台面是钻石最大、最显著的一个刻面，台面的大小对钻石的亮度和火彩都有直接的影响，台宽比则是衡量台面大小的重要数值。台面增大，钻石亮度增加、火彩会逐渐降低；台面减小，会使钻石的火彩增加、亮度降低。同质量的钻石台面越大整颗钻石看起来越大，但略显呆板；台面越小则整颗钻石看起来显得越小，刻面反光也显得细碎。

② 亭部深度对钻石切工的影响　亭部深度的变化也是直接影响钻石切工的重要因素。亭部过深和过浅都会对钻石的质量造成影响。亭深过浅时，从钻石台面观察可以看到在钻石的台面内有一个白色的圆环，环内则为暗视域，像鱼的眼睛一样，即"鱼眼效应"。亭深过深时，从钻石冠部观察，钻石亭部是暗淡无光的；光线不能发生全反射而从钻石的亭部漏掉，产生黑底，即"黑底效应"。

（2）修饰度分级

修饰度（finish）包括对称性（symmetry）和抛光（polish）。级别分为极好（excellent，EX）、很好（very good，VG）、好（good，G）、一般（fair，F）、差（poor，P）五个级别。以对称性分级和抛光分级中的较低级别为修饰度级别。

① 对称性级别　对称性级别分为极好（excellent，EX）、很好（very good，VG）、好（good，G）、一般（fair，F）、差（poor，P）五个级别，划分规则见表4-4-4。

影响对称性的要素特征包括：腰围不圆、台面偏心、底尖偏心、冠角不均、亭角不均、台面和腰围不平行、腰部厚度不均、波状腰、冠部与亭部刻面尖点不对齐、刻面尖点不尖、刻面缺失、刻面畸形、非八边形台面和额外刻面。

表4-4-4　对称性级别划分规则

级别	划分规则
极好（EX）	10倍放大镜下观察，无或很难看到影响对称性的要素特征
很好（VG）	10倍放大镜下台面向上观察，有较少的影响对称性的要素特征
好（G）	10倍放大镜下台面向上观察，有明显的影响对称性的要素特征。肉眼观察，钻石整体外观可能受影响
一般（F）	10倍放大镜下台面向上观察，有易见的、大的影响对称性的要素特征。肉眼观察，钻石整体外观受到影响
差（P）	10倍放大镜下台面向上观察，有显著的、大的影响对称性的要素特征。肉眼观察，钻石整体外观受到明显的影响

② 抛光级别　抛光级别分为：极好（excellent，EX）、很好（very good，VG）、好（good，G）、一般（fair，F）、差（poor，P）五个级别，划分规则见表4-4-5。

影响抛光级别的要素特征包括抛光纹、划痕、烧痕、缺口、棱线磨损、击痕、粗糙腰围、"蜥蜴皮"效应、粘杆烧痕。

表4-4-5　抛光级别划分规则

级别	划分规则
极好（EX）	10倍放大镜下观察，无至很难看到影响抛光的要素特征
很好（VG）	10倍放大镜下台面向上观察，有较少的影响抛光的要素特征
好（G）	10倍放大镜下台面向上观察，有明显的影响抛光的要素特征。肉眼观察，钻石光泽可能受影响
一般（F）	10倍放大镜下台面向上观察，有易见的影响抛光的要素特征。肉眼观察，钻石光泽受到影响
差（P）	10倍放大镜下台面向上观察，有显著的影响抛光的要素特征。肉眼观察，钻石光泽受到明显的影响

（3）切工级别的划分规则

根据比率级别和修饰度级别，按表4-4-6得出切工级别。

表4-4-6 切工级别的划分规则

切工级别		修饰度级别				
		极好（EX）	很好（VG）	好（G）	一般（F）	差（P）
比率级别	极好（EX）	极好	极好	很好	好	差
	很好（VG）	很好	很好	很好	好	差
	好（G）	好	好	好	一般	差
	一般（F）	一般	一般	一般	一般	差
	差（P）	差	差	差	差	差

4.4.4 钻石的克拉重量分级

（1）钻石常用重量

钻石的重量单位为克（g）。钻石贸易常使用"克拉（carat，缩写为ct）"作为克拉重量单位，1ct = 0.2g。

对重量小的钻石常用"分"（point，缩写为pt）：1pt = 0.01ct。即1ct=0.2g=100分。

（2）称量

用分度值不大于0.0001g的天平称量。质量数值保留至小数点后第4位。

换算为克拉重量时，保留至小数点后第2位。克拉重量小数点后第3位逢9进1，其它可忽略不计。

（3）估重

标准圆钻型钻石估重公式为：

估算重量 = 直径^2 × 高 × k（k取0.0061～0.0065，腰棱越厚，取值越大）

（4）钻石重量与价格关系

同样质量（颜色、净度、切工）的钻石，重量越大，价格越高。但价格与重量的正相关变化涉及人们的心理因素。商贸过程中，钻石的质量分级往往按照国际钻石价格表（Rapaport Diamond Report）将质量分为1~3分、4~7分、8~14分、15~17分、18~22分、23~29分、30~37分、38~45分、46~49分、50~69分、70~89分、90~99分等多个等级。

不同的重量等级和颜色、净度、切工等级，每克拉单价不同。克拉单价乘以重量，即为该颗钻石的价格。

当钻石重量达到某一整数克拉值时，其价格要比重量略低于该值的钻石价格猛增许多，这称为"克拉溢价"（carat premium）。

4.4.5 钻石的4C分级证书

钻石的4C分级证书应该包括以下内容：

① 钻石的照片，鉴定机构出具证书的日期，鉴定机构名称和印章，分级人、复核人等；

② 钻石的琢型（shape and cutting style），如圆钻型、方形等；

③ 大小（measurements），如（5.00~5.03）×3.16（mm）[（最小直径~最大直径）×高]；

④ 重量（carat weight），如0.50ct；

⑤ 颜色级别（color grade），如H；

⑥ 净度级别（clarity grade），如SI$_1$；

⑦ 切工级别（cut grade），如好；

⑧ 净度特征（clarity characteristics），如羽状纹；

⑨ 对称性（symmetry），如好；

⑩ 抛光（plolish），如好；

⑪ 荧光（fluoresence），如无；

如果有，还应该包括激光标记（laser inscription registry），如图4-4-3所示；如果是彩钻，还应当描述：钻石的颜色；颜色是否为天然；颜色是否均匀等。

图4-4-3　钻石腰棱的人工印记

5

有色单晶宝石

有色单晶宝石（colored stone）是指除了钻石外的宝石矿物，也称有色宝石。

5.1　红蓝宝石

红宝石和蓝宝石同属于刚玉（corundum）矿物。红宝石（ruby）指红色的宝石级刚玉；其它所有各种颜色的宝石级刚玉统称为蓝宝石（sapphire），具体命名时再冠以颜色：蓝色蓝宝石、绿色蓝宝石、紫色蓝宝石、黄色蓝宝石、无色蓝宝石等。刚玉宝石的分类见图5-1-1。

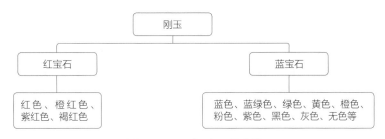

图5-1-1　刚玉宝石的分类

刚玉是这类宝石的矿物名称，红宝石和蓝宝石是其在宝石界的商业名称。此外，在宝石命名时，除了红宝石和蓝宝石之外，没有其它"颜色＋宝石"的命名方式。如不存在绿宝石、紫宝石、黄宝石等命名。

关于橙红、紫红、粉红等红色调的刚玉的命名，并无一定之规。在国际证书上一般为：corundum，sapphire或者corundum，ruby。先注明为刚玉，再依据本实验室的标准定为红宝石（ruby）或蓝宝石（sapphire）。由此，可能同一粒带红色调的刚玉宝石，在不同的宝石实验室可能会鉴定结果不同。

5.1.1　应用历史与传说

刚玉的英文为corundum，源自梵文kuruwinda，意为红色宝石；红宝石的英文为ruby，源自拉丁语ruber，意为"红色"；蓝宝石的英文为sapphire，来自拉丁语sapphirus，意为"对土星的珍爱"，中国古代也有称蓝宝石"瑟瑟""萨弗耶"，就是外文的音译。传说中蓝宝石是"天国之石"，因其颜色反映了每天不同时期天空的颜色；古波斯人相信是蓝宝石反射的光彩使天空呈现蔚蓝色。

中文的红、蓝宝石名称是根据其颜色得来的。我国《后汉书·西南夷传》中称为"光珠"。明清两代，红、蓝宝石大量用于宫廷首饰，民间佩戴者也逐渐增多。明定陵发掘中，得到了大量的优质红、蓝宝石饰品。清代亲王与大臣等官衔以顶戴宝石种类区分。亲王与一品官为红宝石，蓝宝石是三品官的顶戴标记。

红宝石是7月生辰石，是爱情、热情和品德高尚的象征，也被称为"爱情之石"，是结婚40周年（红宝石婚）的纪念品；蓝宝石是9月生辰石，是忠诚和坚贞的象征，结婚45周年也叫蓝宝石婚，星光蓝宝石也被称为"命运之石"，是忠诚、希望和博爱的美好象征。

5.1.2 基本性质

红蓝宝石的基本性质见表5-1-1。

表5-1-1 红蓝宝石的基本性质

化学成分		Al_2O_3，纯者无色，红色含微量Cr，蓝色含微量Fe和Ti
晶系		三方晶系
晶形		多呈六边形桶状、柱状及板状；晶体中常具有平行于六边形晶形的六边形生长线或色带。见图5-1-2~图5-1-5
光学特征	颜色	红宝石呈红~粉红色或紫红色，蓝宝石有蓝色、橙色、黄色、绿色、黑色、无色等，见图5-1-6
	光泽	玻璃-亚金刚光泽
	多色性	强
	特殊光学效应	六射星光效应；蓝宝石可有变色效应（稀少）
	解理	无
力学特征	摩氏硬度	9
	相对密度	4.00
包裹体		丝状、针状包体；指纹状、雾状包体；晶体包体；直的、六边形或120°角的生长纹，生长色带；裂隙等
琢型		刻面；有特殊光学效应者切成弧面；不透明、裂隙多者切成弧面或珠子；不透明者常作雕件、手镯、珠子等

图5-1-2 围岩中的红宝石晶体

图5-1-3 围岩中的蓝宝石晶体

图5-1-4 刚玉晶体

图5-1-5 刚玉晶体的六边形色带

图5-1-6 各种颜色的红蓝宝石

5.1.3 主要肉眼鉴定特征

红蓝宝石颜色常不均匀，常出现直角或120°角的色带，如图5-1-7和图5-1-8所示；二色性；强玻璃-亚金刚光泽；手掂较重；常可见各种固、液包体和裂隙等，如图5-1-9、图5-1-10所示；弧面红蓝宝石常出现六射星光效应，如图5-1-11和图5-1-12所示。

图5-1-7　蓝宝石中的平直色带

图5-1-8　蓝宝石中平直和120°角的色带

图5-1-9　红宝石中暗色固体包体

图5-1-10　蓝宝石中各种形态的包体

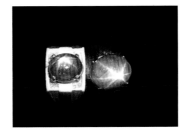

图5-1-11　星光红宝石

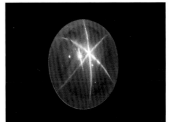

图5-1-12　星光蓝宝石

5.1.4 优化处理

（1）热处理

热处理在商业上有时被称为"烧"。约90%的红蓝宝石需要进行热处理。不同条件的热处理可以加深红蓝宝石的颜色、减弱过深的颜色、产生星光等。如未处理前斯里兰卡蓝宝石原石颜色浅淡，见图5-1-13；热处理后的斯里兰卡蓝宝石呈现美丽的蓝色，见图5-1-14。

图5-1-13　斯里兰卡蓝宝石原石

红蓝宝石热处理后颜色稳定，在我国属于优化，不必声明。

（2）染色处理

染色处理是一种古老的加深红蓝宝石颜色的处理方法。在当前已不多见。在透射光下可见染色处理的红蓝宝石的颜色集中于裂隙中，表面光泽弱。

（3）充填处理

充填处理目前主要用于红宝石，蓝宝石中也开始逐渐使用。

图5-1-14　热处理后的斯里兰卡蓝宝石

由于部分产地的红宝石裂隙发育，切磨后并不美观。玻璃充填可以遮盖红宝石的裂隙，提高红宝石的透明度和净度，如图5-1-15所示的充填星光红宝石。

所充填的玻璃一般为铅玻璃。由于玻璃中铅含量越高，光泽越强，但硬度越低，因而更容易被磨蚀。反射光下，可见宝石表面的光泽不同，填充处较弱，有划痕，凸凹不平等；肉眼或10倍放大镜下可见气泡；裂隙或表面空洞中的玻璃状充填物，玻璃冷凝收缩留下的凹坑等，如图5-1-16所示。

图5-1-15　充填处理的星光红宝石

（a）弧面　　　　　　　　　　　　（b）底面

图5-1-16　充填处理红宝石表面填充处较弱的光泽、表面凹坑

（4）扩散处理

传统扩散处理的红蓝宝石只能渗透到表面0.1~0.5mm，经重新抛磨后，颜色主要集中在棱线处。油浸检查，可见颜色在刻面棱线处集中，呈网状；弧面宝石颜色主要集中于表面，成麻点状。

新型体扩散蓝宝石主要使用铍（Be）元素扩散处理，处理后颜色可渗透整个宝石，产生黄色、橙色或者棕色等色调。主要是把无色、浅色等的刚玉处理成各种黄色和橙色，见图5-1-17和图5-1-18。处理后的颜色很像天然的帕德玛（padparadscha）蓝宝石。此类处理宝石的鉴定需要专业宝石鉴定实验室使用现代测试仪器分析。

图5-1-17　铍扩散处理蓝宝石

帕德玛（padparadscha）蓝宝石的名称源自梵语padmaraga，代表莲花的颜色，主要在斯里兰卡产出。以前西方学者用padparadscha专称在斯里兰卡产出的具有柔和粉橙色的蓝宝石。目前越南也产出，因此帕德玛蓝宝石指所有具有高品质亮度和饱和度的粉橙色蓝宝石。帕德玛蓝宝石产量少，价格高。如遇到颜色饱和浓郁、价格较低的橙红、橙黄、橙粉、橙等色调的蓝宝石则需要谨慎。

图5-1-18　各种颜色蓝宝石，其中黄色和橙色为铍扩散处理

5.1.5　合成

合成红蓝宝石在19世纪70年代就已在实验室实验成功，并在随后成功进行商业生产。目前红蓝宝石的合成方法主要有焰熔法、助熔剂法和水热法，其中在市场上最常见的是焰熔法合成红蓝宝石。合成星光红、蓝宝石，一般也用焰熔法制造。

合成红蓝宝石和天然红蓝宝石的物理参数都一样，鉴定的重点在于二者的成因不同，因而包裹体不同。具体的鉴定特征见表5-1-2。

表5-1-2　天然和合成红、蓝宝石的肉眼鉴定特征

鉴定特征	天然红、蓝宝石	合成红、蓝宝石
颜色	柔和、不均匀、平直或角状色带	鲜艳、纯正、均匀，见图5-1-19 焰熔法合成者常见弧形色带，见图5-1-20
包裹体	种类繁多的固体包体；气液包体	一般洁净
生长线	直线状或六方生长线	圆弧形生长线（焰熔法），见图5-1-21
星光	深处发出、星光发散、较不规则、中间常有亮斑，见图5-1-22和图5-1-23	浮在表面、清晰明亮、星线规则、位置居中、中间无亮斑，见图5-1-24
二色性	台面方向不见多色性	一般不定向，台面常可见多色性
加工质量	优质者切磨、抛光精细，弧面形的底面不抛光	加工粗略，棱线常不对齐，常见抛光痕
变色效应	天然少见	日光下：蓝紫色；白炽灯下：紫红色，见图5-1-25

图5-1-19　合成红宝石颜色鲜艳洁净、内部洁净

图5-1-20　合成蓝宝石的弧形生长纹

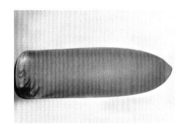

图5-1-21　合成红宝石的弧形生长纹

图5-1-22　星光红宝石

图5-1-23　星光蓝宝石

图5-1-24　合成星光红宝石

（a）日光灯下

（b）白炽灯下

图5-1-25　合成变色蓝宝石

5.1.6 产地

一般是通过红蓝宝石的产地来划分其商业品种的，不同的产地在商业上往往代表着不同的质量级别和不同的价格，很多国际实验室在其宝石检测报告上，都会注明红蓝宝石的产地来源。但是需要注意的是：产地并不能完全代表质量级别，每个产地产出的红蓝宝石的质量都会有高有低，不能一概而论，一定要根据实际情况进行质量评价。

图5-1-26 缅甸红宝石

（1）红宝石的主要产地

① 缅甸红宝石 缅甸是传统优质红宝石的主要产出地。缅甸红宝石具有鲜艳的玫瑰红色—红色，如图5-1-26所示。缅甸产红宝石的颜色往往分布不均匀，常呈浓淡不一的絮状、团块状。其颜色最高品质者被誉为"鸽血红"色。

② 泰国红宝石 泰国红宝石的颜色较深，多呈浅棕红色至暗红色，较均匀，但透明度较低。

图5-1-27 越南红宝石

③ 斯里兰卡红宝石 透明度高，颜色柔和。颜色包括浅红—红色的一系列中间过渡颜色。其低档品多为粉红色、浅棕红色；高档品为"樱桃"红色，呈娇艳的红色，略带粉色、黄色色调；色带发育，颜色不均匀。

④ 越南红宝石 常呈紫红色、红紫色，浅粉等或较暗的粉紫色，如图5-1-27所示。

⑤ 坦桑尼亚红宝石 红到紫红色，部分为具黄色色调的橙红色。

坦桑尼亚还出产一种"红绿宝石"，其中红色为红宝石，多数不透明；绿色为绿帘石，且常伴有黑色矿物。这种不透明的"红绿宝石"和红宝石一般用来做弧面、雕刻品或手镯等，如图5-1-28所示。

图5-1-28 坦桑尼亚红宝石雕件

⑥ 莫桑比克红宝石 莫桑比克目前是国际市场上优质红宝石主要供应国，但是其所产出的红宝石约90%以上裂隙发育，一般需要进行玻璃充填处理，充填后有时冠以"非洲红宝石"的商业名称进行销售。

（2）蓝宝石的主要产地

① 印度克什米尔蓝宝石 克什米尔地区的"矢车菊"蓝宝石，为一种朦胧的略带紫色调的浓重的蓝色，给人以天鹅绒般的外观；颜色不均匀，常形成界线分明的蓝色及近无色的色带。克什米尔矿区的主要产出期为19世纪晚期到20世纪初期，近年来，该地区几乎没有蓝宝石产出。

② 斯里兰卡蓝宝石 斯里兰卡是世界蓝宝石的最重要出产地之一，其出产的蓝宝石在商业上也称"卡蓝"，在某种程度上是高档蓝色蓝宝石的代名词。以总体颜色丰富，透明度高而区别于其它任何产地的蓝宝石。蓝色系列中可有灰蓝、浅蓝、海蓝、蓝等多种颜色。蓝色蓝宝石如图5-1-29所示。

斯里兰卡还出产粉橙-橙粉色的帕德玛（padparadscha）蓝宝石，这种荷花色的帕德玛蓝宝石在斯里兰卡被誉为"蓝宝石之王"（king of sapphire），如图5-1-30所示。

③ 缅甸蓝宝石　可有浅蓝—深蓝的各种颜色，颜色饱和度要高，色带不发育。高质量的缅甸蓝宝石以其纯正的蓝色或具有漂亮的紫蓝色内反射色为特征。

④ 泰国和柬埔寨蓝宝石　泰国商业称为"泰蓝"，透明度较低，颜色较深，主要有深蓝色、略带紫色色调的蓝色、灰蓝色三种颜色，常见发育完好的六边形色带。

柬埔寨拜林的蓝宝石与泰国蓝宝石属于同一地质成因，因而具有相同的特征。

图5-1-29　斯里兰卡蓝色蓝宝石

⑤ 马达加斯加蓝宝石　马达加斯加是当前世界蓝宝石的主要出产地之一，产量居于主导地位。产地在Ilakaka附近，其蓝宝石的颜色丰富。

⑥ 中国蓝宝石　我国东部江苏六合、福建明溪、海南蓬莱和山东昌乐都有蓝宝石产出，四地产出蓝宝石具有相似的外观特征。目前产量最大的是山东昌乐，产出的蓝宝石颜色较深，为蓝黑色；透明度较低；色带较发育，呈平直或六边形色带；常有两种以上不同的颜色共存，如图5-1-31所示。

图5-1-30　斯里兰卡"帕德玛"蓝宝石

5.1.7　质量评价

红蓝宝石的评价主要从颜色、净度、切工、重量四个因素进行评价，但是产地也越来越成为重要的评价因素，如来自传统优质宝石产地的缅甸红宝石，其市场接受性和价值远远高于其它产地。

图5-1-31　山东蓝宝石

（1）颜色

作为有色宝石而言，颜色是其美丽的主要来源，也是最重要的评价因素。有色宝石的颜色一般以纯、浓、艳、均匀的为佳。对于不同国家和地区来说，最受人欢迎的颜色也并不相同。如在亚洲认为蓝色中最美丽、最贵重的颜色是"皇家蓝"，对于其它地区则可能会有点暗。

对超过5ct的宝石来说，红宝石是除了钻石外每克拉单价最高的宝石品种，也是每克拉单价最高的有色宝石品种。一直以来，缅甸"鸽血红"（pigeon blood）在商业上被认为是红宝石的最高颜色品级。但是今天，很少能有人见过缅甸鸽子血的颜色，这为评价带来了一定难度。在生活中最显眼明亮且最常见的红色事物莫过于交通灯的红灯了，因此也可以以红灯的颜色作为参照，但在商业习惯上依旧称为"鸽血红"。

蓝色蓝宝石的颜色目前以主要产自斯里兰卡的中-深色调的"皇家蓝"（royal blue）最为贵重，如图5-1-32所示。之前以略带紫色调的印度克什米尔产矢车菊蓝（cornflower blue）为贵重。不同蓝色的蓝宝石受欢迎程度和价值不同。

和"红宝石"的定义一样，在世界各国的宝石实验室，并没有一套统一的比色石，来确定"鸽血红""皇家蓝"等颜色级别。有

图5-1-32　"皇家蓝"蓝宝石

的实验室会依照自己本实验室的标准，给出"鸽血红""皇家蓝"这样的商业性质的颜色评价，有的实验室并不会给出。但是，即使给出商业颜色分级的实验室，其标准也会有差异，即同一颗宝石在不同宝石实验室报告中的颜色级别可能会不同。

（2）净度

一般而言，肉眼都可在红蓝宝石中看到各种包体、裂隙等。以肉眼难观察到包体和裂隙者为佳，如图5-1-33所示的红宝石净度较高；如图5-1-34所示的红宝石净度相对较低。

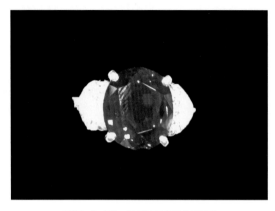

图5-1-33 净度较高的红宝石

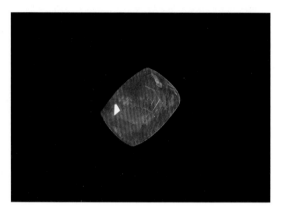

图5-1-34 净度相对较低的红宝石

（3）切工

内部较洁净者常磨成刻面；内部的包体、裂隙较多者或不透明者常磨成弧面；特殊光学效应者切磨成弧面，见图5-1-35和图5-1-36。

图5-1-35 透明度低、裂隙多的弧面红宝石

图5-1-36 透明度低的弧面红宝石

有色宝石切工并没有钻石的切工那么重要。对于刻面宝石一般要求比例合适；晃动宝石，"闪烁"强为佳。

（4）重量

宝石的重量越大越贵重。1ct以上的优质刻面红蓝宝石即被当作高级首饰的原料。超过3ct的高质量未经热处理（在宝石商贸中俗称"无烧"）的红宝石和5ct的热处理红宝石已属罕见。

5.2 祖母绿、海蓝宝石和绿柱石

祖母绿（emerald）、海蓝宝石（aquamarine）和普通绿柱石（beryl）都属于绿柱石族矿物（beryl）。祖母绿一般指含铬（Cr）或钒（V）而呈翠绿~深翠绿色的绿柱石；海蓝宝石指含铁（Fe）而呈天蓝~海蓝色的绿柱石；其它绿柱石有：红色绿柱石、粉红色绿柱石、金黄色绿柱石、黄色绿柱石、无色绿柱石等。绿柱石族矿物的分类和命名见图5-2-1；绿柱石族宝石的基本性质见表5-2-1。

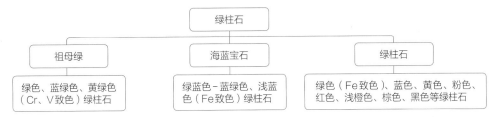

图5-2-1 绿柱石族矿物的分类和命名

表5-2-1 祖母绿、海蓝宝石和绿柱石的基本性质

	化学成分	$Be_3Al_2Si_6O_{18}$，祖母绿含微量 Cr 或 V，海蓝宝石含微量 Fe
	晶系	六方晶系
	晶形	常呈六方柱状，见图5-2-2~图5-2-5
	颜色	祖母绿：浅至深绿色、蓝绿色、黄绿色
		海蓝宝石：绿蓝色至蓝绿色、浅蓝色，一般色调较浅
		绿柱石：无色、绿色、黄色、浅橙色、粉色、红色、蓝色、棕色、黑色
光学特征	光泽	玻璃光泽
	特殊光学效应	猫眼效应
力学特征	解理	一组不完全解理
	摩氏硬度	7.5~8
	相对密度	2.72
	琢型	刻面、弧面、珠子、雕刻件

图5-2-2 祖母绿晶体（一）

图5-2-3 祖母绿晶体（二）

图5-2-4 海蓝宝石晶体

图5-2-5 绿柱石晶体

5.2.1 祖母绿

（1）应用历史与传说

祖母绿自古就是珍贵的宝石品种，是国际珠宝界公认的名贵宝石之一。祖母绿因特有的绿色、独特的魅力和许多神奇的传说而闻名。相传距今6000年前，古巴比伦就有人将之献于女神像前；几千年前的古埃及和古希腊人也喜用祖母绿做首饰，称它为"发光的宝石"。早期祖母绿还被认为能养眼怡神，对眼睛有理疗作用。

祖母绿是5月生辰石，代表幸运、财富、信义和永生，象征尊贵、美好和丰收，佩戴它会给人带来一生的平安；也是结婚55周年的纪念石。

（2）主要肉眼鉴定特征

祖母绿颜色为绿色；优质祖母绿具有纯正、鲜艳的绿色，这在其它宝石品种较少见；不同方向观察，可观察到中等至强的多色性；较弱的玻璃光泽；内部多蝉翼状裂隙，三相包体（气-液-固），两相包体（气-液），矿物包体，见图5-2-6和图5-2-7。

图5-2-6 祖母绿中的裂隙和包体（一）

图5-2-7 祖母绿中的裂隙和包体（二）

（3）优化处理

① 浸无色油　祖母绿中的裂隙非常发育，浸无色油可以在一定程度上遮盖祖母绿中的裂隙，达到提高净度的效果。约90%的祖母绿都经过浸无色油；祖母绿的浸无色油在我国属于优化，无需声明，如图5-2-8所示浸油祖母绿，可直接称为祖母绿。

图5-2-8　浸油祖母绿的内部裂隙和表面反光

鉴定时主要观察其表面裂隙会呈无色或淡黄色，并可伴有反光；包装纸上会有油痕。

② 染色处理　颜色淡的祖母绿经过染色后可加深其颜色，但颜色不稳定，可褪去。祖母绿染色属于处理，需要声明。鉴定时，可使用透射光观察，其颜色在裂隙处加深。

③ 充填处理　有通达表面的裂隙或裂隙过多时，可使用树脂充填遮盖其裂隙，并提高净度。充填属于处理，需要声明。充填时，一般使用折射率与祖母绿相近的树脂进行充填。树脂充填处理的祖母绿光泽较弱；表面裂隙处可有"闪光效应"。

（4）合成

不同的公司或厂家有不同的祖母绿合成方法。最常见的是水热法生长的祖母绿，生产厂家有林德（Linde）公司等；水热法合成祖母绿内部有类似"水波纹"的生长纹理，还可有钉状包体，如图5-2-9和图5-2-10所示。

助熔剂法的生产厂家有美国的查塔姆（Chatham）公司、法国的吉尔森（Gilson）公司和日本的伊纳莫里（Inamori）公司等。

在我国，这些合成祖母绿在命名时只能为"合成祖母绿"，不能出现"查塔姆祖母绿""吉尔森祖母绿"等以生产商名定名。

天然和合成祖母绿的肉眼鉴定特征见表5-2-2。

图5-2-9　水热法合成祖母绿原料，其表面和内部都会有类似"水波纹"的生长纹理

图5-2-10　水热法合成祖母绿内部钉状包体

表5-2-2　天然和合成祖母绿的肉眼鉴定特征

鉴定特征	天然祖母绿	合成祖母绿
颜色	柔和、有时较淡或不均匀	过于艳丽、纯正、均匀
包裹体	多蝉翼状裂隙，气、液、固体包体	内部一般洁净，见图5-2-11，偶见六边形的金属铂片，钉状包裹体内部"水波纹"（水热法）

续表

鉴定特征	天然祖母绿	合成祖母绿
价格	即使裂隙较多，颜色不够浓艳的祖母绿价格依然比较高	价格较低
加工质量	优质者切磨、抛光精细，一般切成祖母绿型、水滴型切工	加工粗略

图5-2-11　合成祖母绿一般颜色浓艳，内部洁净

（5）琢型

① 祖母绿型琢型　祖母绿型琢型为去四角的方形，是祖母绿的理想琢型，也叫阶梯型，如图5-2-12所示。一般台面应平行于晶体六方柱的底面。这种琢型的优点是能突显祖母绿的绿色，并可防止剐蹭。祖母绿的性脆，多裂隙，小的剐蹭可能引起对宝石的损伤。

② 弧面琢型　当有猫眼效应等特殊光学效应的磨成弧面；当裂隙和包体较多时，一般也切成弧面型，如图5-2-13所示。

图5-2-12　祖母绿型切工

图5-2-13　弧面切工

③ 其它琢型　除阶梯型外，祖母绿也可采用方形、矩形、风筝形、菱形、三角形和多边形等琢型，主要视原石的情况而定。

（6）产地

不同地区的祖母绿在一定程度上代表了不同的地质成因、质量、可接受程度等。

① 哥伦比亚祖母绿　哥伦比亚是世界上优质祖母绿的主要供应国，出产最优质的祖母绿，产量也最高。清澈透明，纯绿色，稍稍带黄或蓝色调（见图5-2-14）。哥伦比亚的三个主要矿区为Muzo, Coscuez和Chivor。

② 赞比亚祖母绿　赞比亚是世界重要的祖母绿产出国。色调变化范围广，从亮绿到带蓝的绿色到暗而柔和的绿色（见图5-2-15）。

图5-2-14　哥伦比亚祖母绿

图5-2-15　赞比亚祖母绿

③ 巴西祖母绿　质量上乘者具有深绿色调，几乎没有瑕疵，但数量较少。部分巴西的祖母绿需要进行树脂充填处理。

④ 俄罗斯或西伯利亚祖母绿　产于乌拉尔山区的矿中，黄色调更多，有较多瑕疵，且颜色也比哥伦比亚的稍淡。近年来基本没有产出。

⑤ 南非和印度祖母绿　主要由钒（Ⅴ）致色，一度被认为是仿制品。

⑥ 阿富汗祖母绿　阿富汗出产优质祖母绿，颜色浓郁，内部可含有类似哥伦比亚祖母绿的三相包体。阿富汗祖母绿晶体见图5-2-16。

图5-2-16　阿富汗祖母绿晶体

图5-2-17　中国新疆祖母绿

⑦ 中国祖母绿　中国云南和新疆曾出产优质祖母绿，颜色浓郁，内部可含有三相包体。新疆祖母绿见图5-2-17。

（7）质量评价

① 颜色　祖母绿的颜色色彩及分布是评价主要考虑的因素。高质量者，必须具有强烈的中-浓艳色调的稍带黄或蓝的绿色，能给人一种柔软的绒状感觉；颜色要均匀，最好无色带。优质祖母绿的价格能与相同质量的优质钻石相媲美。

颜色分布不均匀，且颜色较浅的祖母绿，其价格相对较低。

② 净度　净度可以直接影响透明度，一般内部杂质、裂隙较少的，其净度高；内部杂质较多，特别是裂隙较多时，其透明程度将会受到影响。

质量好的祖母绿要求内部瑕疵小而少，肉眼基本不见。但是由于祖母绿内部，大多有裂纹和包体，肉眼无瑕的成品很罕见。

③ 祖母绿的切工　一般而言，相同重量的刻面价格要高于弧面或珠子。质量差或裂隙较多的祖母绿一般切磨成弧面型或作链珠。刻面宝石以切工比例好、对称性好者为佳。

④ 重量　越大越珍贵。

⑤ 特殊光学效应　特殊光学效应会增加祖母绿的价值。

（8）保养

由于祖母绿内部多裂隙，所以应避免与酸和碱接触、浸泡；避免用力挤压；在镶嵌时避免高温；避免与硬物撞击，以免使祖母绿破裂。浸无色油者避免与酒精和乙醚等有机物质接触，不可用这些物质清洗。

5.2.2　海蓝宝石

（1）应用历史与传说

海蓝宝石的英文为aquamarine，源自拉丁语aquamarina（海水之意）。海蓝宝石长期以来被人们奉为"勇敢者之石"，被认为是幸福和永葆青春的标志。在中世纪，人们认为它能给佩戴者以见识和先见之明。有的还认为它有催眠能力。

海蓝宝石是3月诞生石，是聪明、勇敢和幸福的象征。

（2）主要肉眼鉴定特征

特有的海蓝色、天蓝色和蓝绿色，一般色调较浅；玻璃光泽；弧面常出现猫眼效应；一般洁净，有时可见断续如"雨丝"的包体，如图5-2-18和图5-2-19所示。

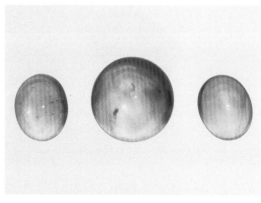

图5-2-18　海蓝宝石中包体（一）

图5-2-19　海蓝宝石中包体（二）

（3）优化处理

① 热处理 蓝绿色、黄色、绿色加热后可转成蓝色，稳定，不易检测，在我国属于优化。

② 充填处理 用树脂等材料充填表面空洞或裂隙，以改善外观和耐久性。肉眼和放大观察可见表面光泽差异，裂隙或空洞偶见气泡，裂隙处可见"闪光效应"，如图5-2-20所示。

图5-2-20 充填处理海蓝宝石

（4）琢型

各种刻面、弧面、珠子、雕件。

（5）质量评价

以颜色深、透明、无或少瑕、切工好、重量大为佳品。

海蓝宝石最好的颜色是像海水一样的深蓝色，如图5-2-21；次为天蓝色、浅蓝色。不透明或透明度很低者一般不能用做宝石，但有些具有"云雾"状的海蓝宝石可出现猫眼效应，以眼线清晰、色深者为佳品。

图5-2-21 海蓝宝石

（6）产地

巴西、马达加斯加、越南、中国新疆等。

5.2.3 绿柱石

（1）应用历史与传说

粉色绿柱石，亦称为摩根石，英文名称为 morganite，是以美国著名的金融家 J.P. Morgan 来命名的。摩根石见图5-2-22。

黄绿色—绿黄色绿柱石，其英文名称heliodor，来源于希腊语的"太阳"。黄色绿柱石见图5-2-5和图5-2-23。黄绿色—绿黄色绿柱石，有时在贸易上也被称为金色绿柱石，但金色绿柱石更多是指淡黄—金黄色绿柱石，如图5-2-24所示黄色绿柱石。

（2）主要的肉眼鉴定特征

颜色：粉红色、黄色、绿色、无色等；弱玻璃光泽。见图5-2-25和图5-2-26。

图5-2-22 摩根石

图5-2-23 绿柱石和海蓝宝石

图5-2-24 绿柱石（一）

图5-2-25 绿柱石（二）

图5-2-26 绿柱石（三）

（3）产地

摩根石主要产在美国；金黄色绿柱石主要产于马达加斯加、巴西、纳米比亚等。

（4）质量评价

绿柱石从颜色、大小、净度、切工和特殊光学效应等方面来评价。颜色要求纯正、鲜艳、色浓，如图5-2-27；净度要求洁净、透明；切工要求比例准确、对称性好、抛光好。

图5-2-27 优质绿柱石、摩根石和海蓝宝石（左至右）

5.3 猫眼、变石和金绿宝石

金绿宝石因其独特的黄绿—金绿色外观而得名。金绿宝石根据其特殊光学效应的有无可分为金绿宝石（chrysoberyl）、猫眼（chrysoberyl cat's-eye 或 cat's-eye）、变石（alexandrite）和变石猫眼等品种。金绿宝石的分类和命名具体见图5-3-1，基本性质见表5-3-1。

图5-3-1 金绿宝石的分类和命名

表5-3-1 猫眼、变石和金绿宝石基本性质

化学成分		$BeAl_2O_4$，猫眼可含微量Fe、Cr等元素，变石可含微量Fe、Cr、V等元素
晶系		斜方晶系
晶形		板状、柱状，假六方的三连晶，见图5-3-2
光学特征	颜色	猫眼：黄色至黄绿色、灰绿色、褐色至褐黄色（变石猫眼呈蓝绿色和紫褐色，稀少）；变石：日光下黄绿色、褐绿色、灰绿色至蓝绿色；白炽灯光下橙红色、褐红色至紫红色；金绿宝石：浅至中等黄色、黄绿色、灰绿色、褐色至黄褐色、浅蓝色（稀少）
	光泽	强玻璃光泽
	特殊光学效应	猫眼效应 变色效应
力学特征	解理	三组不完全解理
	摩氏硬度	8~8.5
	相对密度	3.73
琢型		猫眼：弧面；变石：常见刻面，有猫眼效应者磨成弧面；金绿宝石：常见刻面

图5-3-2 金绿宝石晶体

5.3.1 猫眼

在我国宝石学命名中，只有金绿宝石猫眼可以直接命名为"猫眼"；其它具有猫眼效应的宝石，必须加上宝石矿物名一起，如"海蓝宝石猫眼"等。

（1）应用历史与传说

猫眼自古就是名贵的宝石品种。在亚洲，猫眼宝石常被当作好运气的象征，人们相信它会保护主人的健康，免于贫困。在中国，猫眼古有"狮负"之称，就是被狮子背过的意思。猫眼与欧泊共同定为10月的生辰石。

（2）主要肉眼鉴定特征

猫眼常见黄色至黄绿色、灰绿色、褐色至褐黄色；具猫眼效应，眼线较亮、透明度较好，见图5-3-3；透明度较高；内部平行排列的丝状、线状包体。

（3）外观相似宝石

与猫眼宝石相似的宝石品种，主要是具有猫眼效应

图5-3-3 猫眼

的玻璃猫眼（见图5-3-4~图5-3-6）、石英猫眼（见图5-3-7）以及在中国台湾地区称为"猫眼石"的碧玉猫眼（见图5-3-8）。肉眼鉴定特征详见表5-3-2。

表5-3-2　猫眼与相似宝石的肉眼鉴定特征

宝石	颜色	眼线	包体	其它
猫眼	黄色、灰绿色	细、亮、窄、直	平行排列的丝状、线状包体	颗粒一般较小
玻璃猫眼	艳丽，各种颜色或多种颜色于一体	亮、直	从侧面观察，有"蜂窝状"结构	常见贝壳状断口
石英猫眼	黑色、灰色	较粗，不明亮，边界不明显	平行排列的包体	颗粒较大
碧玉猫眼	浅-深的绿色半透明	较粗，不明亮，边界不明显	平行排列的包体	正中常有凸起的棱，来突显猫眼效应

图5-3-4　颜色艳丽的玻璃猫眼

图5-3-5　玻璃猫眼侧面由纤维状空管形成的"蜂窝状"结构

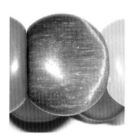

图5-3-6　玻璃猫眼的平行纤维状空管

图5-3-7　石英猫眼

图5-3-8　碧玉猫眼

（4）琢型

　　具有猫眼效应的宝石需要切磨成弧面。宝石中具有最佳猫眼效应的当属金绿宝石猫眼，眼线呈现狭窄的瞳孔状、光活。体现猫眼效应需要采用弧面琢型（见图5-3-9）。要达到好的效果，弧面突起不能过高或过缓。猫眼宝石的底部一般不抛光，以此减少光线的穿透和散失，而增加光的反射，对于颜色的增加也有益处。

　　琢型的弧面高度应适中，过高显得呆笨，过低会使亮带粗而混浊。在宝石腰线以下允许保留适当厚度。

图5-3-9　猫眼

（5）评价

猫眼宝石的品质好坏与价格高低，是由颜色、眼线、重量和完美程度等因素评价的。

① 基底色　猫眼宝石优质的基底色为蜜黄色，见图5-3-10；其它依次为黄绿色、绿色、棕色、黄白色、绿白色和灰色。各颜色品种的较鲜亮者，价值相对较高。

② 眼线（亮带）　以亮带居中、细、窄、直，并且清晰明亮者为佳。能与基底色形成鲜明对照，见图5-3-11。猫眼宝石在聚光光源下，宝石的向光一半呈现其体色，而另一半则呈现乳白色，以能出现"蜜黄-乳白"效应为佳。

③ 重量及琢型匀称度　重量越大越珍贵，价值越高；琢型的弧面高度应适中，弧形要对称。

图5-3-10　蜜黄色猫眼

图5-3-11　猫眼的眼线细、亮、窄、直

5.3.2　变石

（1）应用历史与传说

变石也称亚历山大石（alexandrite），是具有变色效应的金绿宝石，被誉为"白天的祖母绿，夜晚的红宝石"。传说，在俄国沙皇亚历山大二世生日的那天发现了变石，故将其命名为亚历山大石。当今，变石与珍珠和欧泊共同定为6月的生辰石。

（2）主要肉眼鉴定特征

变色效应，在日光下显示绿色，在白炽灯下显示红色（见图5-3-12）；明亮的玻璃光泽；不同方向观察颜色有差异，常出现绿色、橙黄色和紫红色。

（3）外观相似宝石

与变石外观最为相似的是合成变色蓝宝石，但合成变色蓝宝石日光下为蓝色、蓝紫色或紫蓝色，白炽灯下为紫红色，见图5-3-13。

（a）日光灯下

（b）白炽灯下

图5-3-12　变石的变色效应

<table>
<tr><td>（a）日光灯下</td><td>（b）白炽灯下</td></tr>
</table>

图5-3-13　合成变色蓝宝石

（4）评价

在变石的质量评价中，变色效应是重要的因素。优质变石要求变色效应要明显，颜色变化显著并且鲜艳浓亮者为好。白天颜色优劣依次为翠绿色、绿色、淡绿色；晚上颜色依次为红色、紫色、淡粉色。颜色变化不明显、色淡或带有明显灰色调者，价值相对较低。一般认为在日光下越接近祖母绿色越好；在灯光下越接近红宝石色越好。具上述两种颜色变化的变石价值最高。但多数变石的颜色变化是在日光下淡黄绿色或蓝绿色，在灯光下呈深红至紫红色，并都有带褐色调。

对于净度，一般要求透明少瑕，净度越高越好。

切工方面，除根据琢型的切磨比例、对称性及抛光质量评定外，还要考虑定向。

因变石的三色性很强，应使其中的红、绿二色能从台面可以看到，否则会使颜色变化显得很弱，影响价值。

变石产出稀少、粒度较小，故重量对价格的影响幅度很大。

5.3.3　变石猫眼

变石猫眼（alexandrite cat's eye）同时具有变色和猫眼两种特殊光学效应，但是罕见，且颗粒较小。变石猫眼的颜色一般呈蓝绿色和紫褐色。

5.3.4　金绿宝石

（1）主要肉眼鉴定特征

常见黄色，带褐色的黄色；明亮的玻璃光泽-亚金刚光泽；强的三色性：黄色，绿色和褐色；指纹状、丝状包裹体，生长纹，见图5-3-14。

（2）评价

不具变色、猫眼效应的金绿宝石，其质量受颜色、透明度、净度、切工几方面因素影响，其中高透明度的绿色金绿宝石最受欢迎，价值也较高。

图5-3-14　金绿宝石

5.4　尖晶石

5.4.1　应用历史与传说

尖晶石的英文名称为spinel，意思是有尖角的结晶体。尖晶石自古就因其颜色多种多样而受到人们的喜爱。红色的尖晶石有"皇家红宝石"的美誉。在现代宝石学发展之前，红色尖晶石一直被误当作红宝石使用，各国王室珍宝中相当部分的大颗粒红宝石，其实都是尖晶石。

5.4.2　基本性质

尖晶石的基本性质见表5-4-1。

表5-4-1　尖晶石的基本性质

化学成分		$MgAl_2O_4$；可含有Cr、Fe、Zn、Mn等元素
晶系		等轴晶系
晶形		八面体晶形，有时与菱形十二面体成聚形，见图5-4-1
光学特征	颜色	几乎各种颜色：红色、橙红色、粉红色、紫红色、黄色、蓝色、绿色、紫色等，见图5-4-2~图5-4-4
	光泽	强玻璃光泽
	发光性	红色系列在紫外线下可发强的红色荧光
	特殊光学效应	星光效应和变色效应（稀少）
力学特征	解理	无
	摩氏硬度	8
	相对密度	3.60
包裹体		固体包体；细小八面体形态的包体，可单个或呈指纹状分布
琢型		一般为刻面

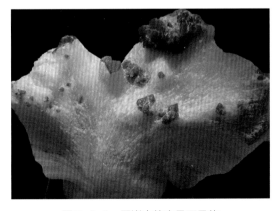

图5-4-1　围岩中的尖晶石晶体

图5-4-2　尖晶石

图5-4-3　红色尖晶石

图　5-4-4　粉色尖晶石

5.4.3　主要肉眼鉴定特征

强玻璃-亚金刚光泽；不具有多色性；红色、粉红色、橙红色和紫红色等红色系列的尖晶石在日光中紫外线的激发下，可发强的红色荧光，因而在日光下颜色更鲜艳，见图5-4-5；手掂重与钻石（相对密度3.52）类似；细小八面体形态的包体等，见图5-4-6。

（a）室内灯光下

（b）室外强日光下

图5-4-5　尖晶石

图5-4-6　尖晶石内部的包裹体

5.4.4　外观相似宝石

红色的尖晶石在古代就很容易与红宝石混淆。与红宝石相比，尖晶石颜色更均匀、色带不明显；在日光下，颜色更鲜艳，在室内则颜色相对较暗；尖晶石是均质体，不具有二色性；尖晶石内的包体种类、形态等也远少于红宝石。

5.4.5　合成

合成尖晶石主要是焰熔法和助溶剂法生产的。合成尖晶石内部一般洁净。由于合成工艺，其MgO和Al_2O_3的比例与天然不同，因而其折射率一般为1.728，大于天然尖晶石的1.718；此外，合成品晶格容易发生畸变。

市场上常见的合成尖晶石的颜色主要是蓝色、无色等；由于合成工艺条件等原因，红色的合成尖晶石并不多见。

5.4.6 产地

缅甸、阿富汗和斯里兰卡有悠久的尖晶石产出历史。近年来，越南、肯尼亚、坦桑尼亚、马达加斯加和塔吉克斯坦等也都有尖晶石的产出。

5.4.7 质量评价

尖晶石的质量评价主要从颜色、透明度、净度、切工和大小等方面进行，其中颜色最为重要，是影响其价值的首要因素，如图5-4-7所示，不同色调的尖晶石价值不同。颜色以深红色最佳，其次是紫红色、橙红色、浅红色和蓝色，要求颜色纯正、鲜艳。透明度越高，瑕疵越少，则质量越好。

图5-4-7　不同红色调的尖晶石价值不同

5.5　碧玺

5.5.1 应用历史与传说

碧玺又称"碧硒""碧洗""碧霞玺"等，英文名称"tourmaline"，来源于古僧迦罗语"turmali"，是"混合宝石"之意。碧玺以颜色艳丽、色彩丰富、质地坚硬等获得了世人的厚爱。

碧玺的矿物名是电气石。18世纪初，荷兰人由于发现碧玺除了在阳光底下出现的奇异色彩外，还有一种能吸引或排斥轻物体如灰尘或草屑的力量，因而称为"吸灰石"。公元1768年，瑞典著名科学家林内斯发现了碧玺还具有压电性和热电性，这就是电气石名称的由来。

中国对碧玺的认识和利用历史久远，但迄今仍未发现古代有关开采碧玺宝石的记载，一般认为此种宝石是从缅甸、斯里兰卡等国输入的。古书上称之为"碧洗""碧雅姑""碧霞玺"等；红色者专称"孩儿面"，是碧玺中最优质者。古代皇宫贵族多拥有这种宝石作为饰物。给电气石起了"碧玺"之名，足见它在古时的受宠爱程度。在中国历史文献中也可找到称为"碧霞希""碎邪金"等称呼。

碧玺是10月生辰石，象征着安乐与和平。

5.5.2 基本性质

碧玺的基本性质见表5-5-1。

表5-5-1　碧玺的基本性质

化学成分		$(Na, K, Ca)(Al, Fe, Li, Mg, Mn)_3(Al, Cr, Fe, V)_6(BO_3)_3(Si_6O_{18})(OH, F)_4$
晶系		三方晶系
晶形		常见三方柱状或复三方锥柱状晶体，晶面纵纹发育；碧玺晶体常从一端断裂，形成三方柱和单锥。见图5-5-1~图5-5-3
光学特征	颜色	常见各种颜色；色带发育，同一晶体内外或不同部位可呈双色或多色；内红外绿者称"西瓜碧玺"，见图5-5-4和图5-5-5
	光泽	玻璃光泽
	发光性	红色系列在紫外线下呈弱红至紫色
	特殊光学效应	星光效应和变色效应（稀少）
力学特征	解理	无
	摩氏硬度	7~8
	相对密度	3.06
包裹体		绿色碧玺包体可较少；粉红和红色等颜色的碧玺常含大量充满液体的扁平状、不规则管状包体，平行线状包体以及波状裂隙；刻面宝石通过10倍放大镜可观察到后刻面棱或线状包体的重影
其它性质		热电性：受热后晶体两端产生不同电荷，可表现为受热后吸灰
琢型		质量高者一般磨成刻面，常为祖母绿型等，以体现碧玺美丽的颜色。一般色深者台面平行于长轴，色浅者则垂直于长轴。有特殊光学效应者切成弧面；内部缺陷多，大者常做成雕件，小者磨成弧面或珠子
商业品种		帕拉伊巴（Paraiba）碧玺：巴西帕拉伊巴所产的淡蓝或淡绿色的碧玺；也可指非洲产、与帕拉伊巴致色原因相同的淡蓝色或淡绿色的碧玺
		卢比来（Rubellite）：颜色浓郁的红色碧玺品种
		铬碧玺：含铬的绿色碧玺品种

图5-5-1　碧玺晶体（一）

图5-5-2　碧玺晶体（二）

图5-5-3　碧玺晶体（三）

图5-5-4　各种颜色的碧玺

图5-5-5　西瓜碧玺

5.5.3 主要肉眼鉴定特征

同一宝石上可出现两种或两种以上的颜色，见图5-5-6和图5-5-7；玻璃光泽；肉眼可见的强多色性，从不同方向观察，颜色有差别，见图5-5-8；液体包体多、波状裂隙多，特别是红色和蓝色等，见图5-5-1、图5-5-2、图5-5-3、图5-5-7、图5-5-9和图5-5-10；同一手串或项链上，颜色丰富多彩，见图5-5-11；受热吸灰。

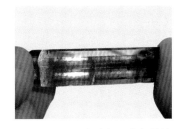

图 5-5-6 双色碧玺及内部的波状裂隙（一）

图 5-5-7 双色碧玺及内部的波状裂隙（二）

（a）台面观察

（b）侧面观察

图 5-5-8 碧玺的强多色性

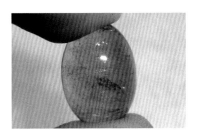

图 5-5-9 碧玺的波状裂隙

图 5-5-10 碧玺的包裹体和波状裂隙

图 5-5-11 颜色丰富的碧玺项链

5.5.4 外观相似宝石

由于碧玺颜色多样，很容易和其它宝石混淆。红色碧玺的相似宝石有红宝石、石榴石、尖晶石、玻璃等，鉴别见表5-5-2和图5-5-12、图5-5-13。

表5-5-2 红色碧玺及其相似品的鉴别

宝石	颜色	光泽	多色性	包裹体	其它性质
碧玺	玫瑰红色、紫红色等	玻璃光泽	强	波状裂隙，气液包体，10倍放大可见后刻面棱重影	透明度差，受热吸灰
红宝石	红色，颜色不均匀	强玻璃光泽	中等	包体种类多，一般肉眼可见	发红色荧光
尖晶石	红色、紫红色、粉红色等	强玻璃光泽	无	八面体包体	发强红色荧光
石榴石	紫红色、暗红色	强玻璃-亚金刚光泽	无	针状包体等	
玻璃	红色	玻璃光泽	无	气泡，流动构造	温感，棱线磨损，表面划痕

图5-5-12　有两种色调的红色碧玺

图5-5-13　紫红色碧玺

　　17世纪，巴西向欧洲出口了长柱状深绿色碧玺，人们称之为"巴西祖母绿"。可见绿碧玺很容易与祖母绿混淆，此外绿色碧玺的相似宝石还有绿色蓝宝石、橄榄石、玻璃等，鉴别见表5-5-3和图5-5-14。

表5-5-3　绿色碧玺及其相似品的鉴别

宝石	颜色	光泽	多色性	包裹体	其它性质
碧玺	绿色、黄绿色等	玻璃光泽	强	波状裂隙，气液包体，10倍放大可见后刻面棱重影	透明度差 受热吸灰
祖母绿	绿色	玻璃光泽	弱	蝉翼状裂隙，气液固三相包体	注油产生的"闪光效应"
绿色蓝宝石	淡绿色、暗绿色，黄色、蓝色等色带	强玻璃光泽	弱	固体包体，气液包体	
橄榄石	绿色、黄绿色	玻璃光泽	无	黑色矿物包体，"睡莲叶"状包体，10倍放大可见后刻面棱重影	
玻璃	绿色	玻璃光泽	无	气泡，流动构造	温感，棱线磨损，表面划痕

图5-5-14　绿色碧玺

蓝色碧玺的相似宝石还有海蓝宝石、磷灰石等，见表5-5-4和图5-5-15。

表5-5-4　蓝色碧玺及其相似品的鉴别

宝石	颜色	光泽	多色性	包裹体	其它性质
碧玺	淡蓝色-深蓝色 蓝绿色色	玻璃光泽	强	波状裂隙，气液包体， 10倍放大可见后刻面棱重影	受热吸灰
海蓝宝石	淡蓝色-蓝绿色 淡绿色	玻璃光泽	弱	"雨丝状"包体	
磷灰石	蓝色	玻璃光泽	弱	气液包体	摩氏硬度为5，表面划痕、棱线磨损

5.5.5　优化处理

（1）热处理

深色碧玺经热处理可使颜色变浅，稳定，不易检测。属于优化。

（2）染色处理

用着色剂渗入空隙染成红色、粉色、紫色等色，以改善外观。

鉴定时用透射光观察，颜色主要集中裂隙中；光泽较弱；用棉签擦拭。

图5-5-15　蓝色碧玺

（3）充填处理

用树脂、玻璃等材料充填表面空洞裂隙，以改善外观和耐久性。这是多裂隙的碧玺宝石最为常见的处理方法。

鉴定时，用反射光观察，肉眼或放大检查可见表面光泽差异；用透射光观察，裂隙处有闪光或气泡；琢型方面，常见于弧面、珠子和雕件等琢型的碧玺；此外，佩戴一段时间后，光泽减弱，透明度降低。充填处理碧玺见图5-5-16和图5-5-17。

图5-5-16　充填处理碧玺（一）

图5-5-17　充填处理碧玺（二）

（4）辐照处理

浅粉色、浅黄色、绿色、蓝色或无色碧玺经辐照处理产生深粉色至红或深紫红色、黄至橙黄色、绿色等，不稳定，加热易褪色，不易检测。

5.5.6　产地

巴西是碧玺的最主要产出国，Minas Gerais和Bahia出产各种颜色的碧玺以及碧玺猫眼。1989年在巴西的帕拉伊巴（Paraiba）发现了含Cu而呈现蓝和绿色的帕拉伊巴碧玺，见图5-5-18。帕拉伊巴碧玺包体丰富。20世纪90年代末，在尼日利亚也发现了含Cu的蓝色碧玺，虽然包体较少，但色调较巴西的浅。近年来在莫桑比克发现了色调和巴西帕拉伊巴碧玺类似的蓝碧玺。

美国则以产优质的粉红色碧玺而著称；俄罗斯乌拉尔出产的优质红碧玺有"西伯利亚红宝石"之称。坦桑尼亚出产含铬的绿碧玺，这种绿碧玺可以呈现像祖母绿一样的绿色。斯里兰卡和缅甸等国也出产红、绿等颜色的碧玺；阿富汗和巴基斯坦产出颜色较深的绿碧玺。

我国碧玺的主要产地是新疆阿尔泰、云南哀牢山和内蒙古。

5.5.7　质量评价

（1）颜色

作为宝石用碧玺的颜色主要有三个系列：蓝色、红色和绿色。一般而言，蓝色的帕拉伊巴碧玺和接近红宝石颜色的红色碧玺（"卢比来"）的价值更高。各色碧玺以颜色纯正、鲜艳、均匀者为佳；多色碧玺以各颜色纯正均匀，色带分界清晰为佳。图5-5-18所示为高颜色等级的帕拉伊巴蓝碧玺，图5-5-19为颜色较暗的普通蓝碧玺。

一般来说，优质的巴西帕拉伊巴碧玺价值高于莫桑比克和尼日利亚的蓝色碧玺，更高于普通的蓝碧玺。

优质红色碧玺的颜色为玫瑰红、紫红色；绿色碧玺以祖母绿色最好，黄绿色次之。黑色和无色的碧玺价值一般不高。黑色碧玺一般做工业用途，较少应用于宝石。

图5-5-18　颜色鲜艳明亮的帕拉伊巴蓝碧玺　　　图5-5-19　颜色相对较暗的蓝碧玺

（2）净度

碧玺内部一般多瑕疵，主要是裂隙。质量好的碧玺要求内部包体和裂隙尽量少，无瑕的碧玺价格高。洁净无瑕的蓝色、红色和多色碧玺较少见，一般多裂隙和包体，如图5-5-20所示；而洁净的绿色碧玺相对较多。

图5-5-20　红色碧玺中一般多包体和裂隙

（3）切工

刻面宝石的切工应规整，比例适当，对称性好，抛光好；雕件的雕刻比例合适、颜色运用得当。

（4）重量

块度大，少瑕疵少裂隙者为佳。

（5）特殊光学效应

具有猫眼等特殊光学效应者可提高价值，碧玺猫眼见图5-5-21。

图5-5-21　碧玺猫眼

5.6　石榴石

石榴石（garnet）意为"像种子"。这种宝石很久以前就已为世人所知，埃及古墓出土的饰品中就有石榴石，我国故宫博物院中亦有许多石榴石的藏品。古往今来，石榴石被认为是信仰、坚贞和纯朴的象征，相信它有治病救人的功效，甚至有人认为黄色石榴石是治疗黄疸病的良药；出门旅行的人若有石榴石相伴，便可保旅途平安，免受惊险，因此人们将石榴石作为每年1月份的诞生石，祈求人生旅途平安顺利。

石榴石族矿物是由铝质系列和钙质系列矿物组成，常见的有镁铝榴石（pyrope）、铁铝榴石（almandite）、锰铝榴石（spessartite）、钙铝榴石（grossularite）、钙铁榴石（andradite）和钙铬榴石（uvarovite），石榴石族矿物的分类和命名见图5-6-1。石榴石族常被用作宝石的是镁铝榴石、铁铝榴石、锰铝榴石、钙铝榴石以及翠榴石（demantoid），其中贵重的宝石品种为翠榴石、铬钒钙铝榴石（沙佛莱，tsavolite）、橙色锰铝榴石、红色红榴石等。

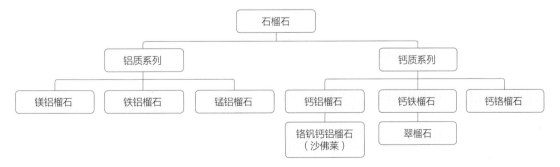

图5-6-1　石榴石的分类

石榴石宝石的基本性质见表5-6-1。

表5-6-1　石榴石的基本性质

化学成分		铝质系列：$Mg_3Al_2(SiO_4)_3$-$Fe_3Al_2(SiO_4)_3$-$Mn_3Al_2(SiO_4)_3$ 钙质系列：$Ca_3Al_2(SiO_4)_3$-$Ca_3Fe_2(SiO_4)_3$-$Ca_3Cr_2(SiO_4)_3$
晶系		等轴晶系
晶形		菱形十二面体、四角三八面体、菱形十二面体与四角三八面体的聚形，见图5-6-2
光学特征	颜色	除蓝色之外的各种颜色；主要为红色、绿色和黄色系列
	光泽	强玻璃光泽-亚金刚光泽
	特殊光学效应	星光效应（稀少），通常四射，偶见六射（铁铝榴石）；变色效应
力学特征	解理	无
	摩氏硬度	7~8
	相对密度	3.50~4.30

5.6.1　镁铝榴石

（1）应用历史与传说

镁铝榴石的英文pyrope，来自希腊文pyropos，意思是"火一般的""像火一样"。高质量的镁铝榴石包裹体少，颜色趋向纯红色，很少带褐色。外观容易与红宝石混淆，被误称为"克罗拉多红宝石"、"好望角红宝石"及"亚利桑那红宝石"等。

图5-6-2　石榴石晶体

（2）基本性质

镁铝榴石的基本性质见表5-6-2。

表5-6-2　镁铝榴石的基本性质

光学特征	颜色	中至深橙红色、红色、紫红色，见图5-6-3和图5-6-4
	光泽	强玻璃光泽（折射率1.74）
	透明度	半透明
	亮度	一般不高
力学特征	相对密度	3.78
包裹体		针状包体，不规则和浑圆状晶体包体
琢型		刻面、珠子和雕件
商业品种		红榴石（rhodolite）：粉红色-红色的宝石级镁铝榴石

图5-6-3　镁铝榴石（一）

图5-6-4　镁铝榴石（二）

（3）主要肉眼鉴定特征

特征的紫红色；明亮玻璃光泽；内部包体一般较多，常呈针状包体和浑圆状，大颗粒者因包体多而亮度较低。常磨成小粒径的珠子，见图5-6-5。

（4）相似宝石

小颗粒的红色镁铝榴石容易与尖晶石弄混。尖晶石在紫外灯下，可发出明亮的荧光，日光下颜色可更鲜艳，而石榴石则不变。

图5-6-5　镁铝榴石珠子

小颗粒的紫红色和紫色镁铝榴石也较容易与碧玺混淆。在商业中，一包几十或几百粒的石榴石中常混有部分碧玺，或碧玺中混有镁铝榴石。碧玺具有明显的二色性、内部波状裂隙，在10倍放大镜下可见后刻面棱重影。

（5）质量评价

明亮鲜艳的红色、紫红色是镁铝榴石中最受人喜爱的颜色。颜色越鲜艳，净度越高，切工越精良，价值越高。大颗粒、高质量的镁铝榴石不多见。

5.6.2　铁铝榴石

（1）应用历史与传说

铁铝榴石的英文almandite，来源于拉丁语alabandine，因古罗马自然学家普林尼在亚洲的一个城市Alabanda发现当地人使用石榴石而得名。铁铝榴石也常被称为贵榴石、紫牙乌，曾被称为"斯里兰卡红宝石""澳大利亚红宝石"。

（2）基本性质

铁铝榴石的基本性质见表5-6-3。

表5-6-3　铁铝榴石的基本性质

光学特征	颜色	橙红色至红色、紫红色至红紫色，色调较暗，见图5-6-6
	光泽	亚金刚光泽（折射率1.790±0.030）
	透明度	半透明-微透明
	亮度	一般较低
	特殊光学效应	四射、六射星光，见图5-6-7和图5-6-8
力学特征	相对密度	4.05
包裹体		针状包体（通常很粗），不规则和浑圆状晶体包体
琢型		常见珠子，刻面相对少见

图5-6-6　铁铝榴石具有特征的暗红色

图5-6-7　四射和六射星光铁铝榴石

图5-6-8　四射星光铁铝榴石

（3）主要肉眼鉴定特征

特征的暗红色；光泽强；透明度低；内部常有针状包体和浑圆状包体。弧面或珠子可出现特征的四射星光或四射接六射星光，见图5-6-7和图5-6-8。

（4）质量评价

颜色鲜艳、不暗，内部包体少，颗粒大者是铁铝榴石的佳品。具有星光效应会增加其价值。

5.6.3　锰铝榴石

（1）应用历史与传说

锰铝榴石的英文是spessartine或Spessartite，是由其产地Spessart Bavaria而得名。橙色的锰铝榴石在贸易上被称为"orange garnet"（橙榴石），有时也被称为"橘榴石"。

（2）基本性质

锰铝榴石的基本性质见表5-6-4。

表5-6-4　锰铝榴石的基本性质

光学特征	颜色	橙色至橙红色
	光泽	亚金刚光泽（折射率1.81）
	透明度	半透明–微透明
	亮度	高
力学特征	相对密度	4.15
包裹体		波浪状、不规则状和浑圆状晶体包体，包体呈现"扯碎状"外观
琢型		刻面、弧面

（3）肉眼鉴定特征

特征的橙黄色、橙红色–红色；亚金刚光泽；亮度高；包体呈"扯碎状"（见图5-6-9、图5-6-10）。

图5-6-9　锰铝榴石的"扯碎状"包体（一）

图5-6-10　锰铝榴石的"扯碎状"包体（二）

（4）外观相似宝石

橙色锰铝榴石的相似宝石主要是橙色的钙铝榴石。在区分锰铝榴石和钙铝榴石时，光泽和亮度是非常重要的特征：锰铝榴石具有亚金刚光泽、高的亮度（见图5-6-11）；钙铝榴石具有玻璃光泽，亮度较低（见图5-6-12）；锰铝榴石几乎不被磨成珠子，而橙色钙铝榴石常出现珠子等琢型。具体鉴别特征见表5-6-5。

表5-6-5　锰铝榴石及其相似品的鉴别

宝石	颜色	光泽	亮度	包裹体	切工
锰铝榴石	暗红色-橙黄色	亚金刚光泽	高	针状包体"扯碎状"包体	一般切成刻面包体较多者切成弧面
钙铝榴石	黄色、橙色、暗红色	玻璃光泽	不高	多透明的小晶体	常见珠子、弧面刻面较少见

图5-6-11　锰铝榴石具有高亮度

图5-6-12　钙铝榴石亮度相对较低

（5）质量评价

最受市场欢迎的锰铝榴石颜色与芬达汽水的颜色相同，即"芬达色"（Fanda color），如图5-6-13所示。高的净度和好的切工可以更凸显锰铝榴石的高亮度。超过3ct的高质量锰铝榴石在珠宝贸易市场少见。

5.6.4　钙铝榴石

（1）应用历史与传说

钙铝榴石的英文名称grossularite或grossular，源自水果醋栗的学名grossularia。贵榴石也称桂榴石（cinnamon stone），是钙铝榴石最常见的商业品种，颜色为肉桂色、褐黄色、红色、黄色等。

英国宝石学家Bridges博士分别于1967

图5-6-13　高质量的锰铝榴石

年在坦桑尼亚和1971年在肯尼亚发现了绿色的铬钒钙铝榴石。1974年由美国的珠宝公司向全球推广，并以产出地——肯尼亚的沙佛（Tsavo）自然保护区命名。

（2）基本性质

钙铝榴石的基本性质见表5-6-6。

表5-6-6　钙铝榴石的基本性质

光学特征	颜色	浅至深绿色、浅至深黄色、橙红色，无色（少见）
	光泽	强玻璃光泽（折射率1.740）
	透明度	半透明－微透明
	亮度	高
力学特征	相对密度	3.61
包裹体		短柱或浑圆状晶体包体、"热浪效应"
琢型		贵榴石：常见弧面和珠子，质量高者切磨成刻面；铬钒钙铝榴石：刻面、弧面；钙铝榴石玉：雕件、弧面
商业品种		贵榴石（hessonite）：也称桂榴石，褐黄色、红色、黄色的钙铝榴石
		铬钒钙铝榴石（tsavorite，tsavolite）：也称沙佛莱石，为绿色含铬、钒的钙铝榴石
		钙铝榴石玉：黄色、橙红色的钙铝榴石集合体

（3）主要肉眼鉴定特征

贵榴石常呈黄色、橙色和红色，见图5-6-14；由于内部较多透明晶体包体，而出现类似蜂蜜搅动状的包体，也称为"热浪效应"或"糖浆状"包体，并因此亮度较低，见图5-6-15。主要为弧面或珠子的琢型，见图5-6-16和图5-6-17。

图5-6-14　钙铝榴石

图5-6-15　钙铝榴石的包体

图5-6-16　钙铝榴石珠子

沙佛莱石具有鲜艳的绿色和明亮的玻璃光泽，如图5-6-17所示。

钙铝榴石玉具有特征的黄色、橙红色；明亮的玻璃光泽；半透明－微透明；质地一般细腻，见图5-6-18。

图5-6-17　沙佛莱石

图5-6-18　钙铝榴石玉

（4）外观相似宝石

橙色和红色的钙铝榴石在外观上与锰铝榴石类似。橙色的钙铝榴石在珠宝贸易市场常以"orange garnet"（橙色锰铝榴石）的名义出售。

（5）质量评价

浓郁鲜艳明亮的绿色是沙佛莱石中价值最高的颜色；颜色越淡、包体裂隙越多，其价值越低。超过3ct的高质量沙佛莱石在珠宝交易市场上少见。

在贵榴石中，橙色和红色最受欢迎；褐色调越重，价值越低。刻面桂榴石的单位价格比弧面和珠子高。

5.6.5　钙铁榴石

（1）应用历史与传说

翠榴石是钙铁榴石中最重要的宝石品种。翠榴石的英文名称demantoid，来自德文demant，意为金刚石——有较高的色散和光泽。翠榴石的色散值大（0.060），看上去"火"很强，但常常被其自身的颜色所掩盖。1868年在俄国的乌拉尔山发现，曾被称为"俄罗斯祖母绿"。翠榴石绿中微显黄，近于祖母绿，早期曾被误认为橄榄石和祖母绿。1996年和2009年分别在纳米比亚和马达加斯加发现了具有商业意义的翠榴石矿。

（2）基本性质

钙铁榴石的基本性质见表5-6-7。

表5-6-7　钙铁榴石的基本性质

光学特征	颜色	黄色、绿色、褐黑色
	光泽	亚金刚光泽（折射率1.888）
	透明度	半透明－微透明
	亮度	高
力学特征	相对密度	3.61
包裹体		"马尾状"包体
琢型		刻面
商业品种		翠榴石（demantoid）：钙铁榴石中含铬的变种

（3）主要肉眼鉴定特征

翠榴石具有特征的黄绿色，见图5-6-19；光泽强；透明度低；内部马尾状包体。

图5-6-19   翠榴石

（4）质量评价

翠榴石一般少见，超过3ct的翠榴石为罕见。翠绿色、内部包体少、切工良好的翠榴石克拉单价高。

5.7   坦桑石

5.7.1   应用历史与传说

坦桑石（tanzanite）的矿物名是黝帘石（zoisite），在矿物学上应被称为"蓝色黝帘石"。坦桑石是1967年在非洲的坦桑尼亚被发现，有"非洲之蓝"的美誉。

据说，闪电点燃了一场草原大火，火后这种本来同其它石头混杂在一起的、呈土黄色的矿石变成了蓝色。放牛路过此地的游牧民便把这种可爱的蓝晶体收藏起来。消息传出后，四处寻找新品种的珠宝商便来打探。1969年，美国的珠宝公司就以出产国坦桑尼亚的名字来命名这种宝石，并把它迅速推向国际珠宝市场。

5.7.2   基本性质

坦桑石的基本性质见表5-7-1。

表5-7-1   坦桑石的基本性质

化学成分		$Ca_2Al_3(SiO_4)_3(OH)$；可含有V、Cr、Mn等元素
晶系		斜方晶系
晶形		柱状或板柱状，见图5-7-1
光学特征	颜色	蓝色、紫蓝色至蓝紫色；其它呈褐色、黄绿色、粉色
	光泽	玻璃光泽
	多色性	三色性强：蓝色，紫红色和绿黄色

续表

力学特征	解理	一组完全解理
	摩氏硬度	6.5~7
	相对密度	3.35
包裹体		气液包体，阳起石、石墨和十字石等矿物包体
琢型		刻面；色淡、裂隙多者切磨成弧面或珠子

图5-7-1　坦桑石晶体

5.7.3　主要肉眼鉴定特征

坦桑石具有独特的略带紫色的蓝色，玻璃光泽，见图5-7-2；从不同方向观察，可以看到明显的颜色变化，即强的多色性，常出现紫色和蓝色，见图5-7-3；宝石内部净度可较高；颗粒大，几十克拉者常见。

图5-7-2　坦桑石

图5-7-3　从不同方向观察，坦桑石的色调有差异

5.7.4 外观相似宝石

与坦桑石相似的宝石有蓝宝石和堇青石等，坦桑石有特征的浓郁的紫蓝色，多色性强；蓝宝石的颜色通常不均匀，光泽强于坦桑石；堇青石的颜色通常不及坦桑石浓郁，紫色调更多，光泽弱于坦桑石。详见表5-7-2。

表5-7-2　坦桑石及其相似品的鉴别

宝石	颜色	光泽	多色性	包裹体	其它性质
坦桑石	带紫的蓝色	玻璃光泽	强 常见蓝色、紫色二色性	常见洁净，可有气液包体、矿物包体等	颗粒较大
蓝宝石	颜色常不均匀	强玻璃光泽	中等	各种固体、气液包体	颗粒较小
堇青石	紫、蓝 颜色常有分带	玻璃光泽	三色性强 紫色：浅紫色，深紫色，黄褐色 蓝色：无色-黄色，蓝灰色，深紫色	常见洁净，可有气液包体、片状金属包体等	

5.7.5 优化处理

（1）热处理

大部分的坦桑石需要进行热处理。某些带褐色调的晶体加热后产生紫蓝色，稳定，不可测，热处理的坦桑石一般只显示二色性。

（2）覆膜处理

亭部镀一种含Co的覆膜，以加深宝石的颜色。鉴定时，从侧面观察，可见宝石的冠部和亭部颜色不一致，亭部深、冠部浅；由于亭部棱线处膜容易磨损，因而颜色较浅。

5.7.6 质量评价

从颜色、净度、切工和克拉重量等因素进行评价。

（1）颜色

坦桑石具有多色性，通常是蓝色、紫色的。在商业上，V代表Violet（紫色），B代表Blue（蓝色）。大写B、V代表主色调；vB代表violetish Blue，就是以蓝色为主色调，bV代表bluish Violet，就是以紫色为主色调。蓝紫和紫蓝颜色越深，坦桑石的价值越高，依次可分为中深、中、中淡、淡等级别。

（2）净度

以肉眼观察为准。净度范围可从肉眼无瑕到明显可见，越无瑕越珍贵。

（3）切工

根据宝石的抛光品质、对称性、切工比例、轮廓等进行综合评估。坦桑石台面漏光窗口对切工级别的影响较大，一般宝石的漏光窗口越大，其亮度就越差，其中的瑕疵也更易发现。

（4）克拉重量

质量相同的情况下，克拉重量越大，价值越高。

5.7.7 产地

坦桑尼亚是坦桑石的唯一产地，矿区位于坦桑尼亚北部城市阿鲁沙附近。

5.8 橄榄石

5.8.1 应用历史与传说

橄榄石因其颜色多为橄榄绿色而得名，其英文名称为peridote或olivine。

橄榄石大约是3500年以前，在古埃及领土圣·约翰岛发现的。古时候称橄榄石为"太阳的宝石"，人们相信橄榄石所具有的力量像太阳一样大，可以驱除邪恶，降伏妖术。橄榄石颜色艳丽悦目，为人们所喜爱，给人以心情舒畅和幸福的感觉，故被誉为"幸福之石"。国际上许多国家把橄榄石和缠丝玛瑙一起列为"八月生辰石"，象征温和聪敏、家庭美满、夫妻和睦。

5.8.2 基本特性

橄榄石的基本性质见表5-8-1。

表5-8-1 橄榄石的基本性质

化学成分		$(Mg, Fe)_2 SiO_4$
晶系		斜方晶系
晶形		呈柱状或短柱状，多为不规则粒状，见图5-8-1、图5-8-2
光学特征	颜色	黄绿色、绿色、褐绿色
	光泽	玻璃光泽
	多色性	弱：黄绿色，绿色
	特殊光学效应	四射星光效应（稀少）
力学特征	解理	中等不完全
	摩氏硬度	6.5~7
	相对密度	3.34
包裹体		"睡莲叶"状（圆盘状）气液两相包体，深色矿物包体
琢型		刻面、弧面、珠子，偶见雕刻件

图5-8-1 围岩中的橄榄石

图5-8-2 橄榄石晶体与碎块

5.8.3　主要肉眼鉴定特征

橄榄石具有特征的黄绿－深绿的色调，见图5-8-3和图5-8-4；"睡莲叶"状气液两相包体，深色矿物包体，见图5-8-5；大颗粒的橄榄石肉眼可见后刻面棱重影，小颗粒的在10倍放大镜下可见。

图5-8-3　橄榄石

图5-8-4　橄榄石珠子

图5-8-5　橄榄石的包体

5.8.4　外观相似宝石

黄绿色的橄榄石具有特征的颜色，因而不易与其它宝石混淆。深绿色的橄榄石在外观上与碧玺类似。此外，在宝石贸易市场上，有一种被称为"稀土橄榄石"的玻璃在外观上与橄榄石极为相似。具体鉴定特征见表5-8-2。

表5-8-2　橄榄石及其相似品的鉴别

宝石	颜色	光泽	多色性	包裹体	其它性质
橄榄石	黄绿色、绿色	玻璃光泽	弱	圆盘状包体，黑色矿物包体	后刻面棱重影
碧玺	黄绿色、绿色、暗绿色等	玻璃光泽	强	气液包体，波状裂隙	后刻面棱重影
玻璃	黄绿色、绿色	玻璃光泽	无	气泡，旋涡纹，贝壳状断口，棱线磨损等，见图5-8-6和图5-8-7	温感

图5-8-6　玻璃（仿橄榄石）

图5-8-7　玻璃的贝壳状断口

5.8.5 产地

世界上橄榄石的主要产地有埃及的扎巴贾德岛、缅甸抹谷、美国、巴西等地区。巴基斯坦出产大颗粒的优质橄榄石，其出产的橄榄石晶体可具有完好的晶形。

我国河北、吉林出产橄榄石。河北省张家口橄榄石具有特征的黄绿色，色调较浅；吉林出产深绿色的橄榄石。

5.8.6 质量评价

（1）颜色

橄榄石的颜色要求纯正，以中-深绿色为佳品，见图5-8-8。色泽均匀，越纯的浓艳绿色价值越高，浅淡的黄绿色价值相对较低，见图5-8-9。

图5-8-8 高质量的橄榄石

图5-8-9 质量较低的橄榄石

（2）净度

橄榄石中往往含有较多的黑色固体包体和气液包体，这些包体直接影响橄榄石的质量评价。以肉眼不可见包体和裂隙的为佳品，见图5-8-8；含有较多包体的质量较差，见图5-8-9；含有黑色不透明固体包体和大量裂隙的橄榄石则几乎无法利用。

（3）切工

比例适当，切磨精良为佳。

（4）重量

橄榄石是一种常见的矿物，地幔中有大量橄榄石。但橄榄石矿物颗粒通常都很小，相当一部分无法切磨成宝石使用；即使能切磨成宝石，重量也都很小。成品橄榄石多在3ct以下，这一重量级别的小颗粒橄榄石较常见。随着重量增加，橄榄石的稀有程度相应增加；大颗粒的成品橄榄石并不多见，超过10ct、质量高的橄榄石罕见。

5.9 水晶（石英）

5.9.1 应用历史与传说

水晶的矿物名是石英（quartz）。在贸易中常有人把"水晶"作为"石英"的代名词，将其作为各色石英的统称。水晶是结晶完好的无色透明石英晶体，英文名称是rock crystal，希腊人称作"Krystllos"，意思是指"洁白的水"。Crystal在英文中常指晶体，像石英一样有规则几何外形的晶体，但在贸易中也有人把其误作为水晶的英文名称。

水晶的纯洁使人们相信其中隐藏有神灵、能预言未来。史前期，埃及和欧洲先民用水晶作斧头、刮刀和兵器；古埃及王室用水晶制作装殓法老的灵柩。古希腊人极为喜爱水晶。

美洲印第安人信奉水晶可以镇魔避邪，战无不胜。人们曾相信，远古的玛雅人曾用天然水晶雕刻成神秘的人头骨，其中蕴含有神秘的力量和智慧；但是现在已确切证明其中有19世纪的仿制品。

我国山西峙峪遗址曾出土2.8万年前的水晶小刀；河南新郑沙窝李出土过距今6000年前的水晶刮削器和饰品；辽宁丹东东沟出土过距今5500年前的水晶凿、斧和坠；在湖南、山西、浙江、河北等地出土过春秋战国时期的大量水晶珠、水晶球和水晶环。

汉代用水晶制作成璧和玦等。唐、宋时期有用水晶雕刻的茶盂、茶盘和茶杯等。元代设专门机构采集水晶，制作器皿。清乾隆时期用水晶印玺和朝珠，五品和六品官冠上衔水晶。

水晶还是日本的国石。

紫晶是水晶中最受人喜爱的宝石品种，称为"水晶之王"，颜色高雅。罗马大教堂的主教常常佩戴紫晶戒指，典礼上用水晶制成的高脚杯子盛酒。紫晶被列为2月生辰石。

5.9.2 基本性质

石英根据颜色进行分类，可以分为水晶（rock crystal）、紫晶（amethyst）、黄晶（citrine）、烟晶（smoky quartz）、绿水晶（green quartz）和芙蓉石（rose quartz）；根据特殊光效应，可分为猫眼水晶、星光水晶等。

水晶（石英）的基本性质见表5-9-1。

表5-9-1 水晶（石英）的基本性质

化学成分		SiO_2；可含有Ti、Fe、Al等元素
晶系		三方晶系
晶形		六方柱状晶体，柱面常有横纹，见图5-9-1、图5-9-2和图5-9-3
光学特征	颜色	水晶：无色，见图5-9-1； 紫晶：浅至深的紫色，见图5-9-2； 黄晶：浅黄色、中至深黄色，见图5-9-3； 茶晶：浅至深褐色、棕色，见图5-9-4； 绿水晶：绿色至黄绿色，见图5-9-5； 芙蓉石：浅至中粉红色，色调较浅，见图5-9-6
	光泽	玻璃光泽
	特殊光学效应	六射星光效应（淡粉色、褐色石英）；猫眼效应

续表

力学特征	解理	无
	摩氏硬度	7
	相对密度	2.66
包裹体		色带，液体及气液二相包体，气、液、固三相包体； 有特定颜色和形状的固体矿物包体，如针状的黄色或黑色的包体
琢型		刻面、弧面、珠子、雕件

图5-9-1 水晶晶体

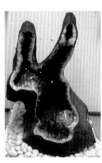
图5-9-2 紫晶洞

图5-9-3 黄水晶晶体和碎块

图5-9-4 茶晶晶体

图5-9-5 绿水晶晶体和碎块

图5-9-6 芙蓉石

5.9.3 主要肉眼鉴定特征

（1）水晶

无色；玻璃光泽；透明；内部常有各色固体包体以及液体包体。见图5-9-7和图5-9-8。

图5-9-7 水晶的包体（一）

图5-9-8 水晶的包体（二）

（2）紫晶

紫色，见图5-9-9；颜色常不均匀，色带明显，见图5-9-10；玻璃光泽；透明到半透明；火彩弱；内部包体和裂隙可较多。

图5-9-9　紫晶

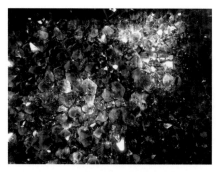

图5-9-10　紫晶晶体颜色不均

（3）黄晶

很多黄水晶是由紫晶或烟晶热处理而得，所以具有与紫晶类似的鉴定特征；颜色一般不均匀，有时在同一宝石上还会出现黄、紫双色，见图5-9-11。

（4）茶晶

特征的褐色和棕色，见图5-9-4；一般做成雕刻件、眼镜或珠子等，较少切成刻面。

（5）绿水晶

绿色，透明，玻璃光泽。自然界中绿水晶较少见且颜色浅淡，如图5-9-5所示。宝石贸易市场上颜色较深的绿水晶常为紫水晶加热到黄水晶的中间产物，常会带黄色调或紫色调。

图5-9-11　黄、紫双色水晶

（6）芙蓉石

粉色，色调较淡，颜色常不均匀，内部常有包体裂隙。弧面芙蓉石常出现表面反射或透射六射星光，见图5-9-12和图5-9-13。

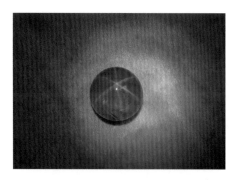

图5-9-12　芙蓉石的反射星光

图5-9-13　芙蓉石的透射星光

5.9.4　外观相似宝石

与水晶外观最相似的是玻璃，同时玻璃也是水晶最常见的仿制品。玻璃与水晶同样具有玻璃光泽、透明、贝壳状断口等特征；此外，玻璃可以模仿水晶的各种颜色、包体等。鉴定时最重要的就是玻璃里有气泡；更易出现贝壳状断口；铸模痕；包裹体并不能完全模仿，显得过于整齐等特点，见图5-9-14和图5-9-15。

图5-9-14　玻璃中肉眼可见的气泡

图5-9-15　发晶（上）与含铜片的玻璃（下）

5.9.5　优化处理

（1）热处理
热处理的石英类宝石颜色稳定，不易检测。热处理可以使非常暗的紫晶变浅；也可去除烟色色调，使紫晶转变成黄晶和绿水晶；有些烟晶加热转变成带绿色调的黄色水晶。

（2）辐照处理
辐照处理的水晶不易测定。辐照可以使水晶辐照后转变成烟晶；可使芙蓉石加深颜色。

（3）染色处理
采用淬火炸裂，将粉色或其它颜色的染料侵入裂隙中，可通过放大检查和紫外荧光鉴别。

（4）镀膜
无色水晶或浅色芙蓉石经覆膜处理可呈各种颜色。肉眼观察膜层呈亚金属光泽，见图5-9-16；有时颜色可呈五颜六色；可见局部的膜层脱落。

图5-9-16　镀膜水晶

5.9.6　合成

合成水晶的颜色有无色、紫色、黄色、绿黄色、灰绿色和蓝色等。合成水晶一般内部洁净，较少有包体。在贸易市场上，颜色鲜艳的黄色和绿色等自然界较少见的水晶品种，多数为合成，见图5-9-17。此外，自然界目前也并没有发现鲜艳的蓝色水晶，贸易中的蓝色水晶一般都是合成的，见图5-9-18。

图5-9-17　绿色合成水晶

图5-9-18　蓝色合成水晶

5.9.7　质量评价

（1）颜色

紫黄晶、紫晶、黄晶、粉色等颜色水晶，颜色越鲜艳纯正，价值越高，如图5-9-19和图5-9-20所示。

图5-9-19　高质量的紫晶

图5-9-20　颜色较淡的紫晶

（2）包体

水晶中的包体种类繁多，一般来说内部包体会影响宝石的价格。但当包体组成一定的图案等，反而提高水晶的价值。

此外，水晶内部常出现金黄色等的发丝状包体，也称"发晶"，见图5-9-21；因为"发"与"发财"的"发"同字，且谐音，所以反而为宝石增值很多。发晶可有金色、红色、绿色和黑色等，以金色发晶价值最高；发丝越浓密、定向，价值越高。

其它包体形成一定图案，或有序排列等，也提升水晶的价值。

图5-9-21　发晶

（3）切工
刻面宝石以比例合适、抛磨精良为佳品；雕刻件以造型艺术，琢磨、抛光精细程度者为佳。

（4）重量
同等质量情况下，越大价值越高。

（5）特殊光学效应
水晶内部的包体形成猫眼或星光效应时，价值增高，见图5-9-22。

图5-9-22　发晶猫眼

5.10　长石

　　长石英文名feldspar，源自德语feldspath。"Spar"为"裂开"之意，表示了长石具有解理的特点。长石族矿物大约占地壳重量的50%，为其体积的60%，是一种最重要的造岩矿物，在自然界中广泛存在。

　　长石族矿物品种繁多，目前主要用作宝石的长石品种主要是具有特殊光学效应的月光石、日光石、拉长石，和具美丽颜色外观的天河石，以及经过铜扩散处理的红色长石，见图5-10-1。长石的基本性质见表5-10-1。

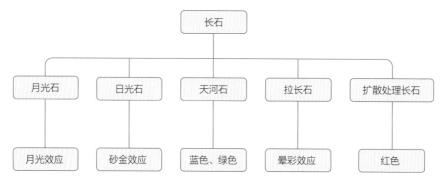

图5-10-1　常见的长石类宝石品种

表5-10-1　长石的基本性质

化学成分		XAlSi$_3$O$_8$；X为Na、K、Ca-Al
晶系		月光石，天河石：单斜或三斜晶系；日光石，拉长石：三斜晶系
晶形		板状，短柱状晶形，见图5-10-2
光学特征	颜色	常见无色至浅黄色、绿色、橙色、褐色
	光泽	玻璃光泽
	特殊光学效应	月光效应、砂金效应、晕彩效应
力学特征	解理	两组完全解理
	摩氏硬度	6~6.5
	相对密度	2.55~2.75
包裹体		解理，气液包体，针状包体等
优化处理		有裂隙的月光石、天河石和拉长石，常进行浸蜡和树脂充填等处理。观察时可见裂隙处光泽较弱，内部有"闪光效应"

图5-10-2　天河石晶体

5.10.1　月光石

（1）应用历史与传说

月光石（moonstone）是长石类宝石最有价值的宝石之一。月光石也称"恋人之石"，因为具有"月光效应"——随着样品的转动，在某一角度，可以见到白至蓝色的发光效应，看似朦胧月光，而被叫做月光石。

在古时候，月光石被认为可以唤醒心上人温柔的热情，并给予力量憧憬未来。在世界许多地区，人们都认为月光石会带来好运。印第安人认为月光石是神圣的石头，只戴在神圣的黄色衣服上。

当今，月光石与珍珠一起被用作6月的生辰石，象征着"康寿富贵"。

（2）基本性质

月光石的基本性质见表5-10-2。

表5-10-2　月光石的基本性质

晶系		单斜或三斜晶系
光学特征	颜色	无色至浅黄色、橙色、褐色等； 常见蓝色、无色或黄色等可漂移的晕彩
	光泽	玻璃光泽
	透明度	透明-半透明
	特殊光学效应	月光效应；有时还可形成猫眼和四射星光
力学特征	解理	两组完全解理
	摩氏硬度	6~6.5
	相对密度	2.55~2.75
包裹体		因解理而形成的"蜈蚣状"包体、指纹状包体、针状包体
琢型		弧面、珠子、偶见雕刻件

（3）主要肉眼鉴定特征

常见无色、乳白色和橙色、褐色；转动宝石观察，可见月光效应，见图5-10-3；常形成猫眼效应，见图5-10-4；内部常见两组交叉解理形成的"蜈蚣状"包体、针状包体。

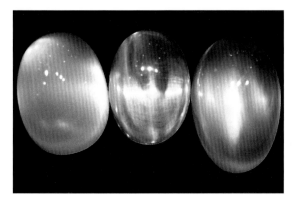

图5-10-3　月光石表面的蓝色晕彩

图5-10-4　月光石和月光石猫眼

（4）质量评价

主要从月光效应、透明度、净度、切工和重量几方面进行评价。

① 月光效应　高质量月光石有漂游状蓝光月光，白色月光石比带蓝光的价值低。

② 净度　透明-半透明的月光石，可以更好地显示出月光晕彩；优质的月光石应该不显任何内部或外部的裂口或解理。

③ 切工　月光石的琢型常见弧面、珠子、雕刻件等。弧面的质量一般优于珠子。对弧面宝石而言，月光石晕彩是有方向性的，晕色的延长方向要与宝石延长方向一致，如作耳环吊坠时，宝石的延长方向应顺耳垂方向；而晕色应集中于弧面型戒面的中央。

④ 重量　同等质量情况下，越大越好。

⑤ 其它特殊光学效应　少数月光石可具有猫眼效应或十字星光效应。优质的月光效应和猫眼效应或星光效应较难同时具备；一般而言，优质的月光效应的价值高于猫眼效应；同时具有优质月光效应和猫眼效应或星光效应的大月光石极为罕见。

5.10.2　天河石

（1）应用历史与传说

天河石又称"亚马孙石"，是英文 amazonite 的音译，据南美亚马孙河命名。

（2）基本性质

天河石的基本性质见表5-10-3。

表5-10-3　天河石的基本性质

晶系		单斜或三斜晶系
光学特征	颜色	亮绿色或亮蓝绿色至浅蓝色，常见绿色和白色的格子状色斑
	光泽	玻璃光泽
	透明度	半透明-微透明
力学特征	解理	两组完全解理
	摩氏硬度	6~6.5
	相对密度	2.56
琢型		弧面、珠子、雕刻件

（3）主要肉眼鉴定特征

天河石的颜色非常特征，常呈绿色和白色格子状、条纹状或斑纹状，见图5-10-5；常可见解理面的闪光，见图5-10-6；玻璃光泽。

　　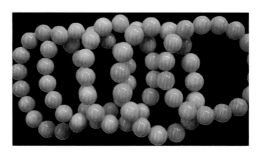

图5-10-5　天河石的颜色呈格子状　　　　图5-10-6　蓝色天河石

（4）质量评价

天河石的颜色以纯正蓝色为最佳，见图5-10-6；其次为稍带绿色的蓝色。颜色越纯正、少白色条纹、宝石越透明，价值就越高。透明度较好的一般切成弧面，不透明、杂质较多的磨成珠子。

5.10.3 日光石

（1）应用历史与传说

日光石（sunstone）又称"日长石""太阳石"，有时也称为砂金效应长石。日光石中因含有大致定向排列的金属矿物薄片，如赤铁矿和针铁矿，随着宝石的转动，能反射出红色或金色的反光，即砂金效应。

日光石因其砂金效应，曾被赞美为"具有金色的斑点，该斑点穿过表面运动，犹如太阳穿过天国从太阳升起到落下那样运动"。

（2）基本性质

日光石的基本性质见表5-10-4

表5-10-4　日光石的基本性质

晶系		三斜晶系
光学特征	颜色	呈黄色、橙黄色至棕色，为内部包裹体致色
	光泽	玻璃光泽
	透明度	不同部位，透明度不一致
	特殊光学效应	具红色或金色砂金效应；有时还可形成猫眼和四射星光
力学特征	解理	两组完全解理
	摩氏硬度	6~6.5
	相对密度	2.65
包裹体		红色或金色的板状包体，具金属质感
琢型		弧面、雕刻件

（3）主要肉眼鉴定特征

日光石颜色非常特征，为包裹体致色，日光石的基底没有颜色或颜色较浅，颜色主要为内部定向排列的片状包体的颜色；不同角度观察，其透明度常不同；晃动宝石，可观察到"砂金效应"，见图5-10-7；半透明-不透明的日光石由于包体定向密集排列，易形成猫眼或十字星光效应，见图5-10-8。

图5-10-7　日光石内部包体　　　　图5-10-8　日光石猫眼

（4）质量评价

金黄色强砂金效应为最好，颜色偏浅或偏暗，均会影响价格；黄色到橘黄色，半透明，深色包体反光效果好者为日光石的佳品。透明度非常重要，宝石越透明，价值就越高。透明度较好的一般切成弧面，不透明、杂质较多的磨成珠子。有猫眼或十字星光效应者，价值增高。

5.10.4　拉长石

（1）应用历史与传说

拉长石的英文labradorite，因加拿大拉布拉多（Labrado）而得名，也称为"拉布拉多石"。当把拉长石转动到某一定角度时，可见样品亮起来，可显示各种光谱色即晕彩效应。

拉长石的晕彩效应曾被用来喻人："一个人就像是一粒拉长石，它在你手上时，没有光泽，在某个特殊的角度，它却显示出深深的、漂亮的颜色"。

（2）基本性质

拉长石的基本性质见表5-10-5。

表5-10-5　拉长石的基本性质

晶系		三斜晶系
光学特征	颜色	灰至灰黄色、橙色至棕色、棕红色、绿色
	光泽	玻璃光泽
	透明度	半透明-微透明
	特殊光学效应	晕彩效应
力学特征	解理	两组完全解理
	摩氏硬度	6~6.5
	相对密度	2.70
包裹体		磁铁矿等黑色包体
琢型		弧面、珠子、雕刻件

（3）主要肉眼鉴定特征

常见颜色为蓝色、黄色等；转动宝石，在某一角度，宝石亮起来，可以观察到明亮的光谱色（见图5-10-9）；两组交叉解理；内部磁铁矿包体。

图5-10-9　拉长石的晕彩

（4）质量评价

晕彩拉长石中以蓝色波浪状的晕彩最佳，其次是黄色、粉红色、红色和黄绿色；若有蓝色、黄色、粉色、黄色、红色等色斑变彩组成光谱色，像彩虹一样，价值相应更高。

裂隙少、包体少、净度高、透明度高者为佳。

常为弧面或依据原石形状打磨抛光后的随形。切工对质量评价的影响远不及晕彩效应。

对具特殊光学效应的长石来说，内部包体对价值影响程度比其它宝石品种轻得多，轻至中度的瑕疵不影响价值，只有严重的裂隙等明显瑕疵会使价格变低。

5.10.5　红色长石（"太阳石"）

（1）应用历史与传说

红色长石商业名称为"拉雅神"（lazasine），意思为太阳之石，因而贸易上也被称为"太阳石"。

除了月光石、日光石、拉长石和天河石外，透明、彩色的长石相对少见，红色品种更为罕见。21世纪初，首次出现过一批据称来自刚果的橙红色、红色的宝石级长石，饱和度高，浓艳动人、透明度也非常好。2008年以后开始大量出现于世界各珠宝市场。这种宝石的产地据称来自刚果，部分来自中国西藏。目前的研究结果表明，这种红色长石的颜色，是通过铜高温扩散处理而得到的。

（2）基本性质

"太阳石"的基本性质同其它长石，见表5-10-1。

（3）主要肉眼鉴定特征

主要肉眼特征是颜色分布，常见鲜艳的红色、褐红色，见图5-10-10；颜色分布可呈条带状，见图5-10-11；此外，还常有一个蓝绿色的内核。鲜艳红色长石在自然界的产出，目前基本没有。主要切磨成刻面或弧面。

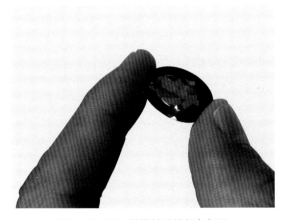

图5-10-10　扩散处理的红色长石　　　　图5-10-11　扩散处理长石的颜色条带

5.11　托帕石

托帕石的英文名是topaz，中文名托帕石为其英文的音译。

5.11.1　应用历史与传说

托帕石的矿物名为黄玉，这一名称在我国容易与黄色的和田玉（软玉）混淆。中国古代的"黄玉""黄晶"等名称，并不指托帕石。

古人认为，托帕石的太阳般光辉能给人以温暖和智慧。许多古老的民族把它当作护身符。据说，佩戴它能使人消除悲哀，稳定情绪，增强智慧和勇气。托帕石是11月的生辰石，象征友谊和忠诚的爱。

5.11.2　基本特征

托帕石的基本性质见表5-11-1。

表5-11-1　托帕石的基本性质

化学成分		$Al_2SiO_4(F,OH)_2$；粉红色可含Cr
晶系		斜方晶系
晶形		柱状，柱面常有纵纹，见图5-11-1
光学特征	颜色	无色、淡蓝色、黄色等
	光泽	玻璃光泽
	多色性	弱
力学特征	解理	一组完全解理
	摩氏硬度	8
	相对密度	3.53
包裹体		气液包体，矿物包体
琢型		一般为刻面

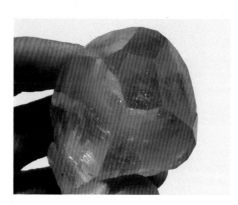

图5-11-1　托帕石晶体

5.11.3　主要肉眼鉴定特征

常见颜色有无色、蓝色、粉红色和黄色；玻璃光泽；颗粒较大，几十克拉者常见；内部一般洁净，见图5-11-2。

图5-11-2　托帕石

5.11.4　优化处理

托帕石由于内部一般较洁净、晶体大，因而主要进行颜色优化处理。热处理形成的粉色托帕石颜色稳定，价值较高；辐照处理、加热处理形成的蓝色托帕石，可有各种色调，被称为"天空蓝""瑞士蓝""伦敦蓝""加利佛尼亚蓝"等，颜色稳定。

托帕石的优化处理及其鉴定特征见表5-11-2。

表5-11-2　托帕石的优化处理及其鉴定特征

类别	方法	处理前颜色	处理后颜色	鉴定特征
优化	热处理	黄色、橙色、褐色	粉色	稳定，不可测
处理	辐照处理	无色	蓝色	多数不可测
	扩散处理	无色	蓝色、蓝绿色	放大检查可见颜色在刻面棱线处集中
	覆膜处理	无色	粉色、蓝色、绿色等	由于托帕石硬度较大，表面不怕磨损，因而主要为亭部镀膜； 侧面观察，冠部、亭部颜色不一致；颜色集中于亭部表面

图5-11-3　辐照处理托帕石

5.11.5 质量评价

托帕石内部一般洁净，几十克拉者常见，颜色是质量评价最重要的因素。其颜色包含天然、优化和处理等成因。白色托帕石价值较低，小颗粒的一般用于价值较低的宝石首饰上群镶，模仿钻石；黄色系列中，以明黄－金棕色调的"帝王黄"最为珍贵，且巴西为唯一产地；粉红色的托帕石常为热处理得到；蓝色辐照处理的托帕石的价值因色调浓淡、辐照工艺等不同而有不同（见图5-11-3）。也有将粉色、黄、粉橙色的托帕石统称为"帝王黄玉"。

托帕石的颜色评价见表5-11-3。

表5-11-3 托帕石的颜色评价

颜色	颜色成因	评价
无色	天然	有"钻石奴隶"的别称，价值最低
淡黄色－明黄色－金棕色	天然、热处理	以明黄－深金棕色调者为佳，也称"帝王黄"，价值高，且唯一产地
粉红色	热处理、天然	价值高，大克拉数者少见
蓝色	辐照处理	几十克拉者常见

托帕石中常含气－液包裹体和裂隙，含包裹体多者则价格低。

优质的托帕石应具有明亮的玻璃光泽，若加工不当会导致光泽暗淡，影响宝石的价格。

5.12 其它常见单晶宝石

5.12.1 锂辉石

（1）基本性质

锂辉石（spodumene）的基本性质见表5-12-1。

表5-12-1 锂辉石的基本性质

化学成分		$LiAlSi_2O_6$
晶系		单斜晶系
晶形		柱状晶体，见图5-12-1
光学特征	颜色	粉红色至蓝紫红色、绿色、黄色、无色、蓝色，通常色调较浅
	光泽	玻璃光泽
	多色性	中－强
力学特征	解理	两组完全解理
	摩氏硬度	6.5~7
	相对密度	3.18
包裹体		气液包体，矿物包体，解理
琢型		刻面、珠子
商业品种		紫锂辉石（kunzite）：淡粉色－淡紫色的锂辉石

（2）主要肉眼鉴定特征

锂辉石一般颜色较浅，紫锂辉石的颜色呈淡粉色、淡紫粉色、淡紫色；中–强的多色性；内部的气液包体；珠子常出现因解理或内部包体形成的猫眼效应。

图5-12-1　紫锂辉石

（3）优化处理

主要是辐照处理。无色或近于无色的锂辉石经辐照可转变成粉色，稍加热或见光会褪色，不易检测。辐照紫锂辉石见图5-12-2。

图5-12-2　辐照处理紫锂辉石

5.12.2　透辉石

（1）基本性质

透辉石（diopside）的基本性质见表5-12-2。

表5-12-2　透辉石的基本性质

化学成分	$CaMgSi_2O_6$
晶系	单斜晶系
晶形	柱状晶体

续表

光学特征	颜色	常见蓝绿色至黄绿色、褐色、黑色、紫色、无色至白色
	光泽	玻璃光泽
	多色性	中-强
力学特征	解理	两组完全解理
	摩氏硬度	5~6
	相对密度	3.29
包裹体		气液包体，矿物包体，解理
琢型		刻面、随形等
商业品种		铬透辉石（chrome diopside）：含少量Cr的绿色透辉石，见图5-12-3和图5-12-4
		星光透辉石（black star diopside）：具四射星光效应的黑色透辉石，见图5-12-5

（2）肉眼鉴定特征

铬透辉石呈鲜艳绿色，小颗粒的铬透辉石颜色鲜艳浓郁，见图5-12-3；大颗粒者一般颜色较暗、过深，见图5-12-4。

图5-12-3　小颗粒随形铬透辉石颜色鲜艳

图5-12-4　大颗粒的铬透辉石颜色较暗

星光透辉石：黑色，不透明，玻璃光泽；点光源照射下呈现，近90°相交的"十字"四射星光，有多个顶光源时，可形成多重四射星光，见图5-12-5。

图5-12-5　星光透辉石的"十字"四射星光

6

玉石

　　玉石的英文名称是jade。在西方人眼里，jade只包括在中国清朝时应用的最为广泛的两种贵重玉石：硬玉（翡翠，jadite）和软玉（和田玉，nephrite）。因为翡翠的摩氏硬度相对较高，称为硬玉；和田玉的摩氏硬度相对较低，称为软玉。东方人则一般把"玉"理解为贵重的软玉（和田玉）的代名词。

　　当前在我国，"玉"泛指可用作装饰的矿物集合体，命名时前需加具体矿物岩石名，不可单独以"玉"定名。

6.1 软玉（和田玉）

6.1.1 应用历史与传说

在我国古代，"石之美者"为"玉"。中国古代主要使用软玉（和田玉）、岫玉、独山玉和绿松石等，其中应用最广泛的是以矿物阳起石-透闪石形成的完全类质同象系列的软玉和蛇纹石矿物为主的岫玉等；与8000年玉文化联系最紧密和最贵重的玉石品种当属软玉（和田玉）。

玉在中国有超过8000年的使用历史，玉文化也是中华传统文化的重要组成部分。从古至今，玉石首饰等器物以其独特的文化、思想内涵一直深受中华民族的喜爱，玉石首饰主要流行区域也是在华人世界，是极具中国特色和民族特性的首饰。我国自远古就有爱玉、戴玉之风，有"君子佩玉"的习俗。

玉石首饰等器物在我国是古老文化的传承，是道德象征，是对美好生活的祈福。国内外学者都公认玉石首饰等器物是我国特有的一种文化现象，是以艺术为表现形式、以精神文明为内容的古代传统文化的载体，发源于史前，随着社会发展而发展，延续至今，贯穿中华文明的全过程，蕴涵着丰富的寓意。

在我国，"和田玉"可指软玉，但不具有产地意义，不代表该软玉来自于新疆和田。

6.1.2 基本性质

软玉（和田玉）的基本性质见表6-1-1。

表6-1-1 软玉（和田玉）的基本性质

组成矿物		主要由透闪石、阳起石组成，以透闪石为主
化学成分		$Ca_2(Mg, Fe)_5Si_8O_{22}(OH)_2$
结晶状态		晶质集合体，常呈纤维状集合体
原石形态		"山料"：从原生矿床开采所得，呈块状，不规则状，棱角分明，无磨圆及皮壳，见图6-1-1
		"籽料"：从原生矿床自然剥离，经过风化搬运至河流中的软玉，一般距原生矿较远，呈浑圆状、卵石状，磨圆度好，块度大小悬殊，外表可有厚薄不一的皮壳，见图6-1-2
		"山流水"：从原生矿床自然剥离的残坡积或冰川堆碛的软玉，一般距原生矿较近，次棱角状，磨圆度差，无皮壳
光学特征	颜色	白玉：纯白至稍带灰色、绿色、黄色色调，见图6-1-3
		青玉：浅灰色至深灰色的黄绿色、蓝绿色，见图6-1-4
		青白玉：介于白玉和青玉之间，见图6-1-5
		碧玉：翠绿色至绿色，见图6-1-6
		墨玉：灰黑色至黑色，见图6-1-7
		糖玉：黄褐色至褐色，见图6-1-8
	光泽	油脂光泽-玻璃光泽
	特殊光学效应	碧玉可出现猫眼效应，见图6-1-9

续表

力学特征	解理	集合体通常不可见
	摩氏硬度	6~6.5
	相对密度	2.95
内部特征		黑色固体包体
琢型		手镯、戒面、珠子、雕刻件和随形等； 有时籽料原石不经打磨抛光直接使用

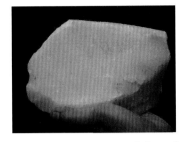
图6-1-1　软玉（和田玉）"山料"

图6-1-2　软玉（和田玉）"籽料"

图6-1-3　白玉

图6-1-4　青玉

图6-1-5　白玉（前排左）、
青白玉（前排中、右）、
青玉（后排左、右）

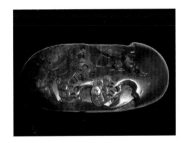
图6-1-6　碧玉

图6-1-7　墨玉

图6-1-8　糖玉

图6-1-9　碧玉猫眼

6.1.3　主要肉眼鉴定特征

　　软玉（和田玉）常见颜色有白、青、绿、黑、糖色，见图6-1-10；新疆若羌等地也出产少量淡黄色调的软玉（和田玉），贸易中称"黄玉"，见图6-1-11。软玉（和田玉）可带有糖色，见图6-1-12。部分青海等地产软玉（和田玉）在白色背景色上可有淡绿色斑块，贸易中也称"翠青"，见图6-1-13。

图6-1-10　软玉（和田玉）常见的颜色

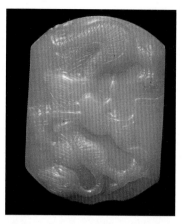

图6-1-11　淡黄色软玉（和田玉）

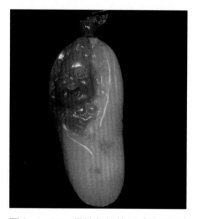

图6-1-12　带糖色的软玉（和田玉）

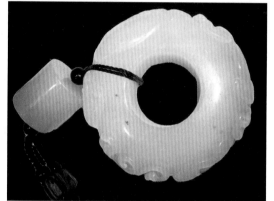

图6-1-13　带淡绿色斑块的软玉（和田玉）

常见油脂光泽，一般半透明到微透明；因纤维交织结构，其质地细腻，均匀；硬度高，表面光滑；韧度高，有的细部雕刻不够完美；手掂重较重。

软玉（和田玉）一般具有特征的油脂光泽；白玉、青玉、青白玉等软玉（和田玉）可有不透明的斑点或团块，见图6-1-14和图6-1-15。

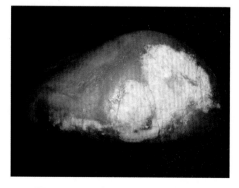

图6-1-14　青玉中白色不透明团块

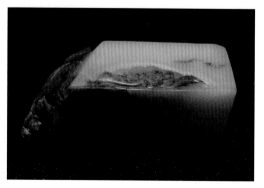

图6-1-15　白玉中不透明团块和糖色

碧玉的绿色常深浅不均匀，为花斑、团块或条带状；内部常带黑点或绿点，见图6-1-16。

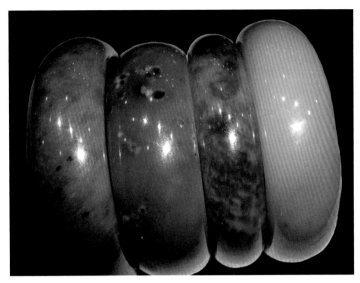

图6-1-16　碧玉常颜色不均或带黑点

6.1.4　外观相似宝石

软玉（和田玉）具有油脂光泽、透明度低、韧度高和硬度较高等特点，可与其它外观相似玉石进行区分，见图6-1-2。

表6-1-2　软玉（和田玉）及其相似品的鉴别

宝石	鉴别特征
软玉（和田玉）	常见油脂光泽，一般半透明到微透明；质地细腻，均匀；硬度高，表面光滑，小刀一般刻划不动，但青玉等小刀可刻划；手掂重较重
大理岩玉	白色者称为"汉白玉"或"阿富汗玉"，外观极易与和田玉混淆。大理岩油脂光泽；质地一般细腻；由于大理岩摩氏硬度为3，反射光观察表面常见划痕，见图6-1-17；透射光观察常可见条带，见图6-1-18；雕工造型常为白菜等； 黄色和绿色者称为"巴基斯坦玉"，条带明显
石英岩玉	也称"白东陵""卡瓦石"，原料易与和田玉山料混淆 玻璃光泽；半透明-微透明；粒状结构；摩氏硬度为7；相对密度为2.6左右，手掂重较轻
岫玉	浅色岫玉易与青白玉、黄玉混淆； 绿色岫玉易与碧玉混淆，特别是深绿色岫玉中也可含黑点； 岫玉的颜色均一； 透射光观察透明度较高； 硬度较低，表面易出现划痕； 相对密度低，手掂重较轻
玻璃	外观极易与和田玉混淆，见图6-1-19；棱线处容易磨损；内部有气泡；手摸温感

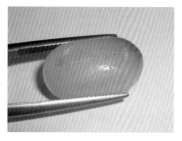

图6-1-17 大理岩玉表面的划痕

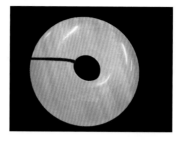

图6-1-18 大理岩玉内部的条带

图6-1-19 大理岩玉（左）和玻璃（右）

6.1.5 优化处理

软玉（和田玉）的优化处理主要有浸蜡和染色，见表6-1-3。此外，对内部结构松散和表面有裂隙的原料，还常进行浸油处理。

表6-1-3 软玉（和田玉）的优化处理

优化处理		方法	鉴定特征
优化	浸蜡	以无色蜡或石蜡充填表面裂隙	热针可熔
处理	染色	整体或局部进行染色，仿籽料，见图6-1-20和图6-1-21	表面常染成褐红、棕红至黄等色，染料沿粒隙分布于浅表面

图6-1-20 染色软玉（和田玉）

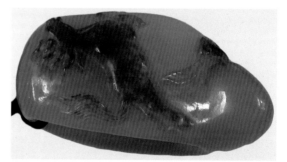

图6-1-21 局部染色的软玉（和田玉）

6.1.6 质量评价

从现代宝石学的角度看，软玉（和田玉）的光学特征并不算非常突出，主要是微透明、油脂光泽等；力学性质中，硬度适中，高韧度，雕刻后难有锋利的锐角；玉石为矿物集合体的特性又决定了其一般都会有包裹体，但这些特征恰恰符合东方人的气质和文化，与中华民族的含蓄、内敛、抗压、沉着、坚韧、不锋芒毕露等民族美德、特点等相吻合，符合东方人从远古形成的审美习惯。人们也常用"白玉无瑕""白玉微瑕""瑕不掩瑜"等来形容玉石和人，将玉石拟人化、人格化，并把玉石物理性质与人格对照。

与西方对单晶宝石的评价不同，中国人对玉石评价中，软玉（和田玉）不是以鲜艳的颜色为质量评价的首要元素，而是以质地为首要因素，强调首"德"次"符"，即质地比颜色更重要。

以质地致密、细腻、光洁、油润无瑕，无绺无裂为佳。和田玉最贵重的颜色是白色。具体评价见表6-1-4。

表6-1-4 软玉（和田玉）的质量评价

质量评价因素		评价
质地		质地致密、细腻、坚韧、光洁，油润无瑕，无绺无裂。价值最高者以"羊脂"形容，称为"羊脂玉"，见图6-1-22 材质以"籽料"为佳，见图6-1-23；"山流水"次之，再次为"山料"
颜色		颜色要求鲜艳、柔和、纯正、均匀，以白色为最佳。古人对玉色的要求是"白如截肪""黄如蒸栗""青如苔藓""绿如翠羽""黑如墨光"
光泽		油脂光泽，油脂中透着清亮，则光泽为佳
净度		石花和绺裂等瑕疵越少越好
雕工	戒面、串珠、手镯	规格比例是否合适；琢磨、抛光是否精细等
	雕刻件	造型艺术；俏（巧）色效果；琢磨、抛光精细程度等
块度		块度越大越好，要求完整无裂 同样块度下，原石以磨圆度好，带皮的籽料为最佳，其次为山流水和山料

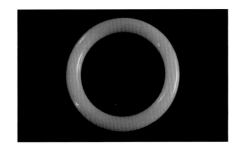

图6-1-22 "羊脂玉"

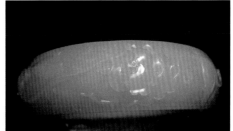

图6-1-23 软玉（和田玉）籽料

6.1.7 产地

和田玉最重要的产地是新疆；青海、辽宁岫岩等地也产软玉；中国台湾产具有猫眼效应的碧玉，当地称为"猫眼石"；俄罗斯是白玉和高质量碧玉的主要出产国，详见表6-1-5。

表6-1-5 软玉（和田玉）的产地

产地	软玉（和田玉）品种
新疆	出产白玉、青白玉、青玉、糖玉、墨玉、碧玉和"黄玉"等； 新疆和田被视为高品质软玉的主要出产地。中国古代用玉，大半也来自和田及其周边地区。质地致密、细腻、坚韧、光洁，油润； 碧玉的主要产地为新疆玛纳斯县，其绿色为灰绿-绿，含黑点
青海	也被称为"昆仑玉"，青白玉居多，常有透明度较高的"水线"，可有淡绿色斑块
辽宁岫岩	也称"岫岩老玉"，常有糖色
中国台湾	碧玉，常具有猫眼效应，当地常称为"猫眼石"
俄罗斯	白玉，颜色一般比和田产的白玉更白，大多数为山料； 碧玉，"俄碧"中最好的级别，被称为"菠菜绿"
加拿大	主要产碧玉，较明亮的绿色，色调常不均匀
韩国	春川所产白玉常带黄色调，质地相对较"松"，质量一般不高

6.2　翡翠

6.2.1　应用历史与传说

翡翠有"玉石之王"的美誉。翡翠的英文名称是其主要组成矿物硬玉的英文名jadeite，或中文拼音feicui。翡翠作为宝石，具有颜色多姿多彩，种类繁多、变幻无穷，可遇不可求等特点，其美丽、深沉、稳重、幽玄等特点，非常符合东方人的气质。

一般认为，翡翠是明末清初从缅甸进入到中国。因翡翠"德""符"兼备，既细腻温润透明，又有鲜艳美丽的颜色，很快受到皇家宫廷和大众的喜爱，开始被大量使用。如今，缅甸仍然是优质翡翠的最主要产地。

6.2.2　基本性质

翡翠的基本性质见表6-2-1。

表6-2-1　翡翠的基本性质

组成矿物		硬玉等
化学成分		硬玉为$NaAlSi_2O_6$；可含有Cr、Fe等元素
结晶状态		晶质集合体，常呈纤维状、粒状或局部为柱状的集合体
光学特征	颜色	绿色：也称"翠"；橙-红：也称"翡"；紫：也称"春"，见图6-2-1 黑色：也称"墨翠"，反射光下黑，透射光下绿，见图6-2-2 黄色、蓝色、褐色、白色、灰色等，见图6-2-3
	光泽	玻璃光泽、油脂光泽
力学特征	解理	硬玉矿物具两组完全解理，集合体可见微小的解理面闪光，称为"翠性"
	摩氏硬度	6.5~7
	相对密度	3.34
结构特征		纤维交织结构至粒状纤维结构，固体包体裂隙等
琢型		蛋形及其它形状的戒面、珠子、手镯和雕刻件

图6-2-1　翡翠的颜色（一）

图6-2-2　墨翠（左：反射光下；右：透射光下）

图6-2-3　翡翠的颜色（二）

6.2.3　主要肉眼鉴定特征

① 具有特征颜色。翡翠的颜色一般不均匀，常为白色基底上有绿色、蓝色等，或白、绿、黄、紫等多种颜色同时出现，见图6-2-4。

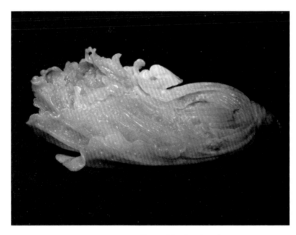

图6-2-4　翡翠的颜色（三）

② 具有玻璃光泽。由于翡翠的硬度较高，且现代抛光一般都是用合成金刚石粉进行抛光，一般来说，抛光良好的翡翠一般都为玻璃光泽。

③ 可具有星点、针状、片状闪光的"翠性"。"翠性"可在质量较差、颗粒较粗大的翡翠中观察。在光下，轻微的晃动翡翠，可以看见俗称"苍蝇翅"的闪光，见图6-2-3。值得注意的是：并非见到闪光的都是翡翠，大理岩等也可见到。

④ 翡翠硬度高，小刀划不动；如刻划玻璃，可在玻璃上留下划痕。

⑤ 手掂重较重。与其它常见玉石相比，手掂的感觉重。

6.2.4　外观相似宝石

常见的与翡翠外观相似的宝石品种有碧玉、染色石英岩、染色大理岩、岫玉等，具体鉴定特征见表6-2-2。其中碧玉较容易与翡翠区分，见图6-2-5。染色石英岩也称"马来玉"，是最为常见的高档翡翠的仿制品，具有浓艳的绿色、较高的透明度和净度，见图6-2-6。染色大理岩一般用于仿不透明的翡翠，见图6-2-7。岫玉由于其颜色和光泽等特征，较容易与翡翠区别，见图6-2-8；黑色岫玉易与墨翠混淆，见图6-2-9。

表6-2-2　翡翠及其相似品的鉴别

宝石	颜色	光泽	透明度	摩氏硬度	表面和内部特征	手掂重
翡翠	颜色不均，白底上分布绿色斑块，或紫、绿、黄等并存	玻璃光泽	半透明	6.5~7	表面光滑	重
碧玉	绿色；颜色均一	油脂光泽	微透明	6~6.5	内部可有黑色或绿色点状包体	重
染色石英岩	浓艳的绿色；颜色沿裂隙分布	玻璃光泽	半透明-微透明	7	颜色为"丝瓜瓤"状分布	较轻
染色大理岩	浓艳的绿色；颜色沿裂隙分布	油脂-玻璃光泽	微透明-不透明	3	表面划痕	重
岫玉	黑色	油脂-弱玻璃光泽	微透明	2.5~6	表面划痕；透射光可见内部黑色点状、团块状包体	较轻
	黄绿色；颜色较均一	油脂-弱玻璃光泽	半透明	2.5~6	表面划痕；内部白色团絮状或黑色点状包体	较轻

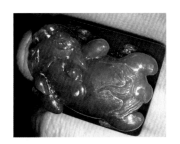

图6-2-5　碧玉

图6-2-6　染色石英岩（"马来玉"）

图6-2-7　染色大理岩

图6-2-8　岫玉

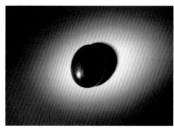

（a）反射光下

（b）透射光下

图6-2-9　黑色岫玉

6.2.5　优化处理

翡翠的优化处理，主要有热处理、漂白充填和染色等，见表6-2-3。

表6-2-3　翡翠的优化处理

优化处理		方法	鉴定特征
优化	热处理	将浅棕黄色至无色的翡翠，热处理改善成棕红、棕黄色	整体较"干"，不润，见图6-2-10
处理	漂白充填	经酸漂洗后，用树脂充填，以改善颜色和透明度	油脂光泽； 纤维交织结构，结构松散； 表面呈橘皮状构造或沟渠状构造； 抛光面见显微细裂纹
	染色	染色，常用于晶粒间隙较大和色浅的翡翠	染料沿粒隙呈网状分布

图6-2-10　热处理翡翠

　　未经处理的天然翡翠，俗称"A货"；经过漂白充填处理的翡翠，俗称"B货"；染色处理的翡翠，俗称"C货"；漂白充填加染色处理的翡翠，俗称"B+C货"或"D货"。其中"B货"是最常出现，且最易与天然翡翠"A货"混淆的处理翡翠，二者的区别见表6-2-4。

表6-2-4　翡翠A货与B货的鉴定特征

特征	A货翡翠（天然翡翠）	B货翡翠（漂白充填处理翡翠）
颜色	各种颜色	一般没有红、黄、黑色
光泽	玻璃光泽	油脂光泽、蜡状光泽；见图6-2-11和图6-2-12
听音	清脆	沉闷
表面	光滑	"橘皮效应"：纵横交错的划痕，类似橘子皮表面，见图6-2-13、图6-2-14和图6-2-15
相对密度	3.34	因充填而相对较低
内部结构	纤维交织结构	结构较松散
紫外荧光灯下	除紫色外，其它颜色一般不出现荧光	因充胶，而发荧光

（a）正面

（b）反面

图6-2-11　B货翡翠的光泽（一）

图6-2-12　B货翡翠的光泽（二）

图6-2-13　B货翡翠表面的
"橘皮效应"（一）

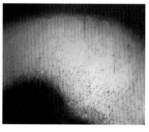

图6-2-14　B货翡翠表面的
"橘皮效应"（二）（10倍放大）

图6-2-15　B货翡翠表面的
"橘皮效应"（三）（10倍放大）

染色翡翠（"C货"）最主要的鉴定特征是颜色在裂隙中加深，常呈"丝瓜瓤"状，见图6-2-16。

图6-2-16　染色翡翠

6.2.6　质量评价

翡翠的质量评价从颜色、结构、透明度、净度、雕工、大小等方面进行，见表6-2-5。

在商业中，使用"种"、"水"和"色"等来评价翡翠，见表6-2-6。其中，对于翡翠"种"的评价，在其质量评价中占据了重要的地位，有"行家看种，外行看色"的说法。

表6-2-5 翡翠的质量评价

评价因素		评价内容
颜色		翡翠以绿色为贵，次为紫色和红色。颜色评价标准："浓、阳、正、匀（和）" 对绿色而言："浓"，即绿色要浓郁饱满；"阳"，即绿色要鲜艳明亮；"正"，即绿色要纯正不邪；"匀"，即绿色要均匀柔和。具备这四项条件的正绿及略微偏黄的绿都是高质量的绿，属上品 绿色中忌带青、蓝、灰、黑等色调，这些杂色俗称为"邪色"，使质量降低，邪色明显者为下品 对于绿色不均匀的品种，评价时须考虑：绿色形态、绿色范围和基底颜色等；以绿色鲜艳、绿色条带或斑块宽大、所占面积比例大、底色纯净和谐者为佳品
结构		组成矿物的颗粒大小、形态及致密程度； 质地越细腻越好，优质者肉眼看不到闪亮的矿物晶粒小面
透明度		越透明越好
净度	裂纹	玉石中的裂纹（隙）也称"绺裂""绵柳"； 裂纹出现的部位、大小、数量和性质（原生、次生、贯穿深度等）极大地影响翡翠的质量
	瑕疵	可分为白色瑕疵和黑色瑕疵，瑕疵的种类，瑕疵出现的部位、大小和数量影响翡翠的质量； 白色瑕疵：呈白色絮状、团块状、云雾状等杂质，俗称"石花""石脑"；黑色瑕疵：呈黑色或褐色的点状、斑状、丝带状等杂质，对净度的影响更大
雕工	戒面、串珠、手镯	规格比例是否合适；琢磨、抛光是否精细等
	雕刻件	造型艺术；俏（巧）色效果；琢磨、抛光精细程度等
大小		同等质量情况下，越大越好

表6-2-6 翡翠的商业评价

评价因素		评价内容
种		翡翠最重要的评价因素之一。指结构和透明度的特征，即翡翠本身由结构、构造所反映出的综合性质，主要是由于其结构决定的； 可分为玻璃种、（高冰）冰种、（冰糯）糯种、豆种等
水		一般常常把翡翠的透明度称为"水头"，光的强弱和翡翠厚度变化对其影响较大。透明度高者，称"水好""水头高"或"水头足"；透明度低者称"水干""水头差"或"水头不足" 水头越足，翡翠质量越好 常用光线能透射玉料的深度，称"几分水"，来定量表示透明度： "一分水"指3mm厚的翡翠是半透明的； "二分水"指6mm厚的翡翠是半透明的
色	"翠"（绿色）	绿色色调明暗、深浅等变化最大，是确定翡翠价值高低的一个重要因素，可分为：艳绿、翠绿、阳绿、蓝绿、豆青绿、瓜皮绿、菠菜绿、灰绿、白地青等
	"春"（紫色）	紫罗兰色：紫色调，多为浅紫色，浓紫色者少见； 藕粉色：淡紫色调，常只有紫色调，像藕色一样淡薄； "春带彩"：紫绿相间
	"翡"（红色）	常为微透明至不透明，质纯色正为佳品

6.3　欧泊

6.3.1　应用历史与传说

古罗马自然科学家普林尼曾赞美过欧泊："在一块欧泊石上，你可以看到红宝石的火焰，紫水晶的色斑，祖母绿般的绿海，五彩缤纷，浑然一体，美不胜收"。

我国早就有欧泊宝石。元代就有欧泊应用的记载。清代欧泊同其它宝石一起，成为宫廷珍宝。

6.3.2　基本性质

欧泊的基本性质见表6-3-1。

表6-3-1　欧泊的基本性质

组成矿物		蛋白石
化学成分		$SiO_2 \cdot nH_2O$
结晶状态		非晶质体
光学特征	颜色	白欧泊：白色变彩欧泊，见图6-3-1
		黑欧泊：黑色、深灰色、蓝色、绿色、棕色或其它深色体色欧泊
		火欧泊：橙色、橙红色、红色欧泊，见图6-3-2
	光泽	树脂光泽－玻璃光泽
	发光性	磷光
力学特征	解理	无
	摩氏硬度	5~6
	相对密度	2.76
表面特征		色斑呈不规则片状边界平坦且较模糊，表面呈丝绢状外观
琢型		戒面、珠子，偶见雕刻件

图6-3-1　白欧泊

图6-3-2　火欧泊

6.3.3 主要肉眼鉴定特征

欧泊最重要的特征是变彩，见图6-3-3。具有变彩效应的欧泊，在不同角度观察时，宝石可呈现不同的颜色。也正如普林尼所赞美的那样：一块欧泊上可见五颜六色。变彩可以很容易将欧泊与其它宝石进行区别。

6.3.4 优化处理

欧泊的主要优化处理方法及其鉴定特征，见表6-3-2。

图6-3-3 欧泊

表6-3-2 欧泊的优化处理

优化处理		方法	鉴定特征
优化	注无色油	注入无色油或非固化材料以改善外观	可见异常晕彩或闪光效应
处理	染色处理	染成红色或黑色，仿火欧泊和黑欧泊，见图6-3-4	染料常在空隙中呈微粒状富集，遇水会失去变彩
	充填处理	注入有色或无色塑料，以改善外观	有黑色细纹，有时可见不透明金属小包体；表面可有细微裂纹
	覆膜处理	在欧泊底部覆黑色膜，以改善变彩	侧面观察与正面观察体色不一致；薄膜有时脱落

图6-3-4 染色欧泊

6.3.5 拼合

很多欧泊太薄，就把它和玉髓片或劣质欧泊片粘接在一起，作为欧泊两层石；或在欧泊两层石的顶部加一个石英或玻璃顶帽来增强欧泊的坚固性，而成为欧泊三层石，见图6-3-5。

拼合欧泊在强顶光下观察，可以看到平直的接合面，在接合面上大多可以找到球形或扁平形状的气泡。如为三层拼合，从侧面看，其顶部不显变彩。如未镶嵌从侧面可看到接合痕迹以及颜色和光泽上的差别。

图6-3-5 三层拼合欧泊

6.3.6 合成

合成欧泊可出现具有变彩效应的白色、红色和黑色欧泊，白色者最为常见，见图6-3-6。合成欧泊的色斑结构很特殊，它们往往呈柱状排列，具有三维形态。正对着合成欧泊的柱体看过去，柱体界限分明，边缘呈锯齿状，被紧密排列的交叉线所分割，从而产生一种镶嵌状结构，类似"马赛克"的结构。每个镶嵌块内可有蛇皮（或称为蜥蜴皮）状、蜂窝状或阶梯状的结构。天然欧泊的色斑是二维的，色斑呈不规则片状，边界平坦且较模糊。

图6-3-6 合成欧泊

6.3.7 质量评价

欧泊的质量评价主要从颜色（体色）、变彩、净度、大小等方面进行评价，见表6-3-3。

表6-3-3 欧泊的质量评价

质量评价因素	评价
颜色（体色）	一般来说黑欧泊、火欧泊比白欧泊或浅色欧泊价值更高
变彩	高质量的欧泊应变彩均匀、完全，无变彩的部分越少越好； 变彩的颜色可出现单一颜色，变彩色斑颜色依蓝、绿、黄、橙、红其价值逐渐增高； 变彩的颜色也可是组合色，颜色越丰富越好，越明亮越好
净度	不应有明显的裂痕和其它杂色包体，否则其耐久性和美观度将受影响
大小	欧泊的体积越大越好

6.3.8 产地

当前欧泊主要产地为澳大利亚、非洲和墨西哥等，见表6-3-4。

表6-3-4 欧泊的主要产地

产地	品种
澳大利亚	白欧泊、黑欧泊，世界上最重要的欧泊产出国，优质黑欧泊的主要出产国
墨西哥	火欧泊，优质火欧泊的主要出产国
非洲	白欧泊，质量总体较澳大利亚产欧泊低

6.4　玉髓和玛瑙

6.4.1　应用历史与传说

玛瑙属于玉髓类，也可单独使用玛瑙命名。在习惯上，一般将没有条纹的隐晶质石英集合体称作玉髓，有条纹的称为玛瑙。

玉髓是人类历史上最古老的玉石品种之一，具有悠久的使用历史。我国在新石器时代，就已经作为饰物出现。

玛瑙的英文为agate，源于古希腊哲学和自然学家Theophrastus在西西里岛的Achates河沿岸发现了玛瑙。玉髓的英文chalcedony源于拉丁文Chalcedonius，最早指半透明的风景碧玉，也有说此名来源于小亚细亚的Chalcedon镇。

6.4.2　基本性质

玉髓的基本性质见表6-4-1。

表6-4-1　玉髓的基本性质

组成矿物		石英
化学成分		SiO_2
结晶状态		隐晶质非均质集合体
光学特征	颜色	各种颜色
	光泽	油脂光泽 – 玻璃光泽
力学特征	摩氏硬度	6.4~7
	相对密度	2.60
商业品种	玉髓	澳洲玉：又称澳玉，澳大利亚出产的颜色为均匀绿色的玉髓，见图6-4-1
		"碧玉"：也称风景碧玉、血滴石等，不透明，颜色呈暗红色、绿色，见图6-4-2
		台湾蓝玉髓：台湾产的蓝玉髓，在当地称为"台湾蓝宝石"，见图6-4-3
	玛瑙	缟玛瑙：也称条纹玛瑙，一种颜色相对简单，条带相对清晰的玛瑙，见图6-4-4
		缠丝玛瑙：条带变得十分细窄的缟玛瑙
		苔纹玛瑙：也称水草玛瑙，为一种具苔藓状、树枝状图形的含杂质玛瑙，见图6-4-5
		火玛瑙：因含有液体或矿物包体，而显示五颜六色晕彩的玛瑙，见图6-4-6
		"南红"玛瑙：产于云南、甘肃、四川等地的天然红色玛瑙，见图6-4-7
		"战国红"玛瑙：产于辽宁等地红黄色为主的天然颜色玛瑙，因质色纹与出土的战国时期的红缟玛瑙相似而得名，见图6-4-8
琢型		弧面、珠子、雕刻件、随形等

图6-4-1 澳洲玉

图6-4-2 风景碧玉

图6-4-3 台湾蓝玉髓

图6-4-4 缟玛瑙

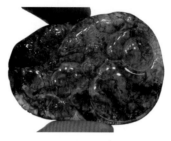

图6-4-5 苔纹玛瑙

图6-4-6 火玛瑙

图6-4-7 "南红"玛瑙

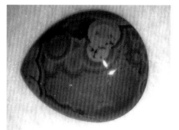

图6-4-8 "战国红"玛瑙

6.4.3 主要肉眼鉴定特征

玉髓：颜色一般较淡；质地细腻；半透明；"水头"足，见图6-4-9。

玛瑙：呈同心层状和规则的颜色条带，可有特殊图案；半透明；质地细腻，见图6-4-10。

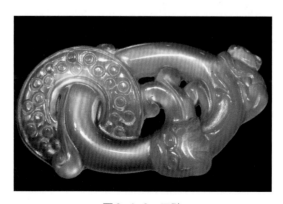

图6-4-9 玉髓

图6-4-10 玛瑙

6.4.4　优化处理

玛瑙的染色具有悠久的历史。由于大部分的玉髓和玛瑙都是灰白色、灰黑等不鲜明的颜色，因而自古人们就将玛瑙和玉髓染成鲜艳的颜色，再进行使用。这种方法广为接受，因此属于优化，而非处理，可不必声明。玛瑙玉髓的优化处理方法见表6-4-2。

表6-4-2　玛瑙玉髓的优化处理

优化处理		方法	鉴定特征
优化	热处理	将颜色较淡的加热为红色	红色、发"干"
	染色处理	大多数天然玛瑙和玉髓为灰白色，通过染色将其染为鲜艳的颜色，见图6-4-11	过于浓艳的颜色
处理	填充处理	苔纹玛瑙、南红玛瑙和战国红玛瑙原料常有裂隙，充填有机物遮掩裂隙，见图6-4-12	局部光泽弱；划痕；充填处有气泡

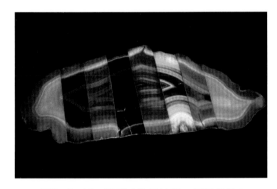

图6-4-11　玛瑙（染色处理，属于优化）

图6-4-12　填充处理玛瑙（黄色处为填充的有机质）

6.4.5　质量评价

玛瑙玉髓的质量评价，详见表6-4-3。

表6-4-3　玛瑙玉髓的质量评价

质量评价因素	评价
颜色	一般颜色越均匀、纯正、鲜艳，越好，如图6-4-13所示；但如"战国红"就是以具有红黄二色为贵
特殊的图案及包体	颜色能形成一定花纹、图案时，价值增高
质地	结构均匀细腻，结合致密，裂纹和杂质越少越好，特别对于贵重的玛瑙玉髓品种，裂隙极大影响价值，如图6-4-14
透明度	需要有一定的透明度，完全不透明的材料较难设计和应用
加工工艺	构思巧妙、俏色新异和加工精细者为佳
块度	越大越好
优化	由于玛瑙玉髓的染色属于优化，可以不声明，但对于红、绿、紫等颜色，天然颜色的玛瑙玉髓价值远高于染色处理的

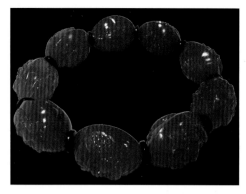

图6-4-13 颜色鲜艳的"南红"玛瑙

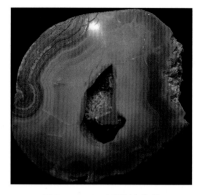

图6-4-14 裂隙较多的
"战国红"玛瑙原料

6.5 绿松石

6.5.1 应用历史与传说

绿松石其英文名称turquoise，意为土耳其石，但土耳其并不产绿松石，传说古代波斯产的绿松石是经土耳其运进欧洲而得名。历史上，阿拉伯国家认为绿松石是幸运宝石，能保护佩戴者抵抗邪恶，并能治愈很多疾病。

美洲的阿兹特克人，对绿松石有特殊的偏爱，他们认为绿松石是水与植物联系在一起的，是美与高贵的象征。阿兹特克的绿松石镶嵌多用木胎，上面用树脂粘以绿松石，做成仪式用杖、面具、头饰、胸饰、装饰神像或作为贵族服饰，如著名的镶嵌绿松石的面具和双头大蟒蛇。

绿松石在我国以前也称"松石"，因其形似松球、色近松绿而得名。"绿松石"之名出现较晚，始于清朝。绿松石是我国"四大名玉"之一，远在新石器时期就为人们所使用。在仰韶文化遗址出土的文物中，就有两枚绿松石鱼形饰物。商代许多器物都曾镶绿松石做装饰；春秋战国时期越王勾践使用的剑柄上镶嵌着珍贵的蓝色绿松石。《清会图考》中记载"皇帝朝珠杂饰，唯天坛用青金石，地坛用蜜珀，日坛用珊瑚，月坛用绿松石。"我国的蒙古族、藏族首饰中也都大量使用绿松石。

6.5.2 基本性质

绿松石是含水的铜铝磷酸盐，其基本性质见表6-5-1。

表6-5-1 绿松石的基本性质

化学成分		$CuAl_6(PO_4)_4(OH)_8 \cdot 5H_2O$
结晶状态		晶质集合体，通常呈块状或皮壳状隐晶质集合体，见图6-5-1
光学特征	颜色	浅-中等蓝色、绿蓝色至绿色，常有斑点、网脉或暗色矿物杂质
	光泽	蜡状光泽-玻璃光泽
	透明度	不透明

力学特征	解理	集合体通常不可见
	摩氏硬度	5~6
	相对密度	2.76
表面特征		常见暗色基质
琢型		弧面、珠子、随形、雕刻件

6.5.3 主要肉眼鉴定特征

绿松石具有特征的蓝色或绿色；不透明；表面常见白色斑块和"铁线"（暗色网脉），"铁线"常内凹，见图6-5-1~图6-5-3。

图6-5-1 绿松石原石　　　　　图6-5-2 绿松石（一）　　　　　图6-5-3 绿松石（二）

6.5.4 外观相似宝石

绿松石外观比较特征，一般不易与其它天然宝石混淆。当前与绿松石相似的宝石，主要是绿松石的仿制品，如染色碳酸盐和玻璃，如表6-5-2所示。

表6-5-2 绿松石及其相似品的鉴别

宝石	鉴别特征
绿松石	特征的蓝色或绿色；"铁线"常内凹
染色碳酸盐	硬度低，表面易出现划痕；染料沿裂隙分布；黑线为胶质，且外凸，不自然，见图6-5-4
玻璃	手摸温感；棱线处容易磨损，贝壳状断口；内部有气泡，见图6-5-5

  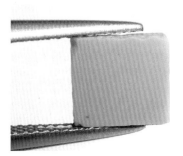

图6-5-4 染色碳酸岩仿绿松石　　　　　图6-5-5 玻璃仿绿松石

6.5.5 优化处理

绿松石的主要优化处理方法有浸蜡、染色处理和充填处理，见表6-5-3。此外，还有电解法，将表面颜色固化的处理方法等，见图6-5-6。

表6-5-3 绿松石的优化处理

优化处理		方法	鉴定特征
优化	浸蜡	表面浸蜡用来封住细微的孔隙	热针可熔蜡，密度低
处理	染色处理	将无色或浅色的绿松石材料染色成蓝色、蓝绿至绿色；或用黑色液状鞋油等材料染色，模仿暗色基质	放大检查可见染料沿裂隙分布，热针可熔化
	充填处理	表面注入无色或有色塑料或加有金属的环氧树脂等材料，以改善外观，见图6-5-7	密度低；热针可使有机物熔化；表面常出现划痕

图6-5-6 电解法处理绿松石

图6-5-7 充填处理绿松石

图6-5-8 "合成"绿松石

6.5.6 合成

合成绿松石从1972年开始由吉尔森生产。尽管被称为合成绿松石，但并不是其天然绿松石的对应物，实际上是仿制品，见图6-5-8，其与天然绿松石的鉴别特征见表6-5-4。

表6-5-4 天然和合成绿松石的鉴别

鉴别特征	天然绿松石	合成绿松石
颜色	颜色丰富、不均匀，即使是同一块色斑，颜色也会出现不均匀现象	单一、均匀；浅色基底中见细小蓝色微粒，蓝色丝状包体
"铁线"	内凹，形态千变万化	分布在表面，仅表现出几条生硬的细脉

6.5.7 质量评价

绿松石的质量评价主要从颜色、结构、净度、"铁线"、雕工、大小等方面进行，见表6-5-5。

表6-5-5 绿松石的质量评价

质量评价因素	评价
颜色	颜色以纯正、均匀、鲜艳为佳， 最好的颜色是天蓝色，其次为深蓝色、蓝绿色、绿色、灰色、黄色
结构	结构越致密价值越高；结构越致密，绿松石具有越高的硬度和密度
净度	绿松石内常含"白脑"（黏土矿物和方解石等杂质），"白脑"会降低绿松石的价值
"铁线"	一般而言，"铁线"越少，绿松石质量越高；但当"铁线"形成一定的图案花纹时，价值反而增高
雕工	精细、有创意为佳
大小	同等质量下，越大越好

6.5.8 产地

世界上出产绿松石的主要国家有伊朗、美国、埃及、俄罗斯、中国等。

中国的绿松石最主要的产地是湖北，以郧阳县、竹山县产的绿松石矿最为著名；此外，陕西和安徽等地也有产出。

6.6　青金石

6.6.1 应用历史与传说

青金石英文lapis lazuli，源自拉丁语lapis（宝石）和lazuli（蓝色）。青金石有长达几千年的应用历史，被誉为"闪着金子光芒的蓝宝石"。在欧洲，早期还被用作颜料。

青金石的中文名称源自其蓝色及金色的黄铁矿。在古代，它还被叫做"金青""金精""兰赤"等。

6.6.2 基本性质

青金石的基本性质见表6-6-1。

表6-6-1 青金石的基本性质

组成矿物		主要矿物为青金石、方钠石，次要矿物有方解石、黄铁矿
化学成分		青金石：$(NaCa)_8(AlSiO_4)_6(SO_4, Cl, S)_2$
结晶状态		晶质集合体，常呈粒状结构，块状构造
光学特征	颜色	中至深微绿蓝色至紫蓝色，常有铜黄色黄铁矿、白色方解石等色斑，见图6-6-1
	光泽	蜡状光泽－玻璃光泽
力学特征	解理	集合体通常不可见
	摩氏硬度	5~6
	相对密度	2.75
放大观察		粒状结构，常含有方解石、黄铁矿等
琢型		弧面、珠子、雕刻件

6.6.3　主要肉眼鉴定特征

"闪着金子光芒的蓝宝石"很好诠释了青金石的颜色特点，即蓝色的底色上常有黄铁矿金色的闪光，以及白色和暗绿色斑点，这些斑点通常不规则；不透明；细粒状结构，见图6-6-2。

图6-6-1　青金石（一）　　　　　　图6-6-2　青金石（二）

6.6.4　优化处理

青金石的优化处理主要有浸蜡和染色，见表6-6-2。此外，对内部结构松散和表面有裂隙的原料，还常进行浸油处理。

表6-6-2　青金石的优化处理

优化处理		方法	鉴定特征
优化	浸蜡	浸蜡或浸无色油	热针可熔
处理	染色	对颜色较淡者染色	缝隙中可见染料，用丙酮或酒精可擦掉染料

6.6.5　合成

合成青金石从1976年由吉尔森开始生产，实质上是一种仿制品。合成青金石与天然青金石的区别见表6-6-3。

表6-6-3　合成青金石与天然青金石的区别

区别	天然青金石	合成青金石
底色	微绿蓝色，紫蓝色	鲜艳、均匀的紫蓝色
斑点	黄色：形态规则，常为方形的截面	黄色：形态不规则
	白色	不常见
	暗绿色	不常见

6.6.6 质量评价

青金石原料质量评价可以从颜色、净度（所含方解石、黄铁矿的多少）、重量（块度）等方面进行。成品则需要考虑切工。

质量最好的青金石应为紫蓝色，且颜色均匀，没有方解石和黄铁矿包裹体，并有较强的光泽。方解石尤其大块白色方解石的存在会使青金石价值降低。

6.6.7 产地

优质的青金石主要来自阿富汗。阿富汗东北部地区是世界著名的优质青金石产地，出产的青金石颜色呈略带紫的蓝色，少有黄铁矿和方解石脉，品质较高。

6.7 蛇纹石玉（岫玉）

6.7.1 应用历史与传说

蛇纹石玉（serpentine）在我国有悠久的应用历史。因其主要产于我国辽宁省岫岩县，因而也称为岫玉。距今约5000年的红山文化遗址出土过大量岫玉制作的玉器；河北满城出土的西汉中山靖王刘胜墓的"金缕玉衣"的玉片，也有一部分是用岫岩玉制作的。

不同地区产的蛇纹石玉有不同的称谓。产于祁连山的蛇纹石玉，又称"祁连玉""酒泉玉"等，常用于制作酒杯等，被称作"夜光杯"；唐代诗人王翰的《凉州曲》称："葡萄美酒夜光杯，欲饮琵琶马上催。醉卧沙场君莫笑，古来征战几人回。"产于中国广东省信宜县的蛇纹石玉，称为"南方玉"或"信宜玉"；还有产于广西陆川的"陆川玉"、产于中国台湾花莲的"花莲玉"等。国外较著名的产地有新西兰的"鲍文玉"（Bowenite）和美国宾州的"威廉玉"（Williamsite）。

6.7.2 基本性质

蛇纹石玉（岫玉）的基本性质见表6-7-1。

表6-7-1 蛇纹石玉（岫玉）的基本性质

主要组成矿物		蛇纹石
化学成分		蛇纹石：（Mg，Fe，Ni）$_7$Si$_2$O$_5$（OH）$_4$
结晶状态		晶质集合体，常呈细粒叶片状或纤维状
光学特征	颜色	淡黄绿色-绿黄色-绿色、黄色、白色、棕色、黑色
	光泽	蜡状光泽-玻璃光泽
力学特征	解理	无
	摩氏硬度	2.5~6
	相对密度	2.57
内部特征		黑色矿物包体，白色条纹，叶片状、纤维状交织结构
琢型		手镯、珠子、雕刻件等

6.7.3 主要肉眼鉴定特征

常见淡－中等的黄绿色，也可出现黄色、黑色等，见图6-7-1~图6-7-3；常出现油脂光泽；硬度低，表面常出现划痕，难雕刻出较尖锐的棱角，见图6-7-4；手掂重比较轻；白色斑块、棉絮状团块等，黑色包体，见图6-7-1、图6-7-5和6-7-6；常雕刻成大型摆件、鱼缸等，如图6-7-3所示。

图6-7-1 蛇纹石玉
（岫玉）的颜色

图6-7-2 蛇纹石玉（岫玉）的颜色和
白色斑块

图6-7-3 蛇纹石玉
（岫玉）鱼缸

图6-7-4 蛇纹石玉（岫玉）
雕件的棱线较钝

图6-7-5 蛇纹石玉
（岫玉）的白色包体

图6-7-6 蛇纹石玉
（岫玉）的黑色包体

6.7.4 优化处理

蛇纹石玉（岫玉）的优化处理主要有浸蜡和染色，见表6-7-2。此外，岫玉还常通过浸石灰等方法做旧，以仿古玉器，见图6-7-7。

表6-7-2 蛇纹石（岫玉）的优化处理

优化处理		方法	鉴定特征
优化	浸蜡	以无色蜡或石蜡充填表面裂隙	热针可熔
处理	染色	整体或部分进行染色，可染成各种颜色，见图6-7-8	染料沿缝隙分布

图6-7-7 蛇纹石玉
（岫玉）仿古玉器

（a）反射光

（b）透射光

图6-7-8 染色蛇纹石玉（岫玉）

6.7.5 质量评价

蛇纹石玉（岫玉）的质量主要根据颜色、透明度、质地、净度、雕工、块度等进行评价，绿至深绿色、高透明度、无瑕疵、无裂隙、雕工精细、块度大者其价值较高。

6.8 其它常见玉石

6.8.1 葡萄石

葡萄石的英文名称为prehnite，是根据荷兰人Hendrik von Prehn的名字命名。关于葡萄石的记载始于1788年。

葡萄石的基本性质见表6-8-1。

表6-8-1 葡萄石的基本性质

组成矿物		葡萄石
化学成分		$Ca_2Al(AlSi_3O_{10})(OH)_2$
结晶状态		晶质集合体，常呈板状、片状、葡萄状、肾状、放射状或块状集合体，见图6-8-1
光学特征	颜色	白色、浅黄、肉红色、绿色，常呈浅绿色
	光泽	玻璃光泽
力学特征	摩氏硬度	6~6.5
	相对密度	2.80~2.95
内部特征		放射状排列、黑色束状矿物包体
琢型		弧面、珠子、雕刻件

图6-8-1　葡萄石原石及其内部黑色针状、束状包体

　　葡萄石的颜色和透明度非常特征，类似葡萄。常见类似葡萄的淡绿色和金黄色，见图6-8-2、图6-8-3；玻璃光泽；半透明；内部常见放射状结构、"白绵"和黑色束状矿物包体，见图6-8-1。

图6-8-2　淡绿色葡萄石

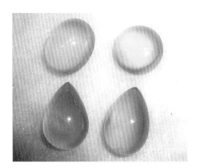

图6-8-3　黄色葡萄石

6.8.2　查罗石

　　查罗石的英文名称为charoite，关于它的记载始于1978年，依据chara河命名，目前仅在俄罗斯有产出。

　　查罗石的基本性质见表6-8-2。

表6-8-2　查罗石的基本性质

组成矿物		紫硅碱钙石等
化学成分		$(K, Na)_5 (Ca, Ba, Sr)_8 (Si_6O_{15})_2 Si_4O_9 (OH, F) \cdot 11H_2O$
结晶状态		晶质集合体，块状、纤维状集合体
光学特征	颜色	紫色、紫蓝色，可含有黑色、灰色、白色或褐棕色色斑
	光泽	玻璃光泽
力学特征	摩氏硬度	5~6
	相对密度	2.68
内部特征		纤维状结构
琢型		手镯、弧面、珠子、挂牌

查罗石的颜色非常特征，不易与其它玉石混淆。查罗石的紫色不均匀，呈条带状，含有黑色、灰色、白色或褐棕色色斑；不透明；玻璃光泽；纤维状结构。见图6-8-4。

图6-8-4 查罗石

6.8.3 独山玉

独山玉（dushan yu）因主要产于河南南阳独山而得其名，也称"南阳玉"或"河南玉"，

独山玉的基本性质见表6-8-3。

表6-8-3 独山玉的基本性质

组成矿物		斜长石（钙长石）、黝帘石等
化学成分		随组成矿物比例而变化
结晶状态		晶质集合体，常呈细粒致密块状
光学特征	颜色	白色、绿色、紫色、蓝绿色、黄色、黑色
	光泽	玻璃光泽
力学特征	摩氏硬度	6~7
	相对密度	2.90
表面特征		可见蓝色、蓝绿色或紫色色斑
琢型		手镯、弧面、珠子、挂牌

独山玉的颜色很特别，颜色斑杂，在同一玉雕上常可见多种颜色或色斑，且色调一般不鲜明；不透明；玻璃光泽。见图6-8-5。

图6-8-5 独山玉

6.8.4 虎睛石和鹰眼石

虎眼石（tiger's-eye）和鹰眼石（hawk's-eye）因分别像老虎和鹰的眼睛而得名。虎睛石和鹰眼石都属于木变石，主要成分为石英质。

虎眼石和鹰眼石的基本性质见表6-8-4。

表6-8-4　虎眼石和鹰眼石的基本性质

	组成矿物	石英
	化学成分	SiO_2
	结晶状态	晶质集合体，常呈纤维状结构，见图6-8-6
光学特征	颜色	虎睛石：棕黄色、棕色至红棕色 鹰眼石：灰蓝色、暗灰蓝色
	光泽	玻璃－丝绢光泽
力学特征	摩氏硬度	7
	相对密度	2.64~2.71
	琢型	珠子、弧面

图6-8-6　虎睛石原石，呈纤维状结构

虎睛石具有特征的颜色，类似老虎的眼睛，呈棕黄和红棕色；因其内部纤维状结构，抛光后呈丝绢光泽，且常出现猫眼效应，见图6-8-7。

图6-8-7　虎睛石

鹰眼石为特征的灰蓝、暗灰蓝色；因其内部纤维状结构，抛光后呈丝绢光泽；不透明，纤维清晰，见图6-8-8。

图6-8-8　鹰眼石

6.8.5　石英岩

石英岩（quartzite）是最常见的玉石品种之一。石英岩的基本性质见表6-8-5。

表6-8-5　石英岩的基本性质

组成矿物		石英
化学成分		SiO_2
结晶状态		隐晶质非均质集合体
光学特征	颜色	各种颜色
	光泽	油脂光泽－玻璃光泽
力学特征	摩氏硬度	6.5~7
	相对密度	2.60
琢型		手镯、雕刻件、随形
商业品种		东陵石：具砂金效应的石英岩，绿色、蓝色和紫色等，见图6-8-9
		黄龙玉：云南龙陵等地出产的黄色、红色为主色调的石英岩，见图6-8-10
		戈壁玉：新疆克拉玛依等地产的黄色等色调的石英岩，金黄色者被称为"金丝玉"，见图6-8-11

图6-8-9　绿色东陵石

图6-8-10　黄龙玉

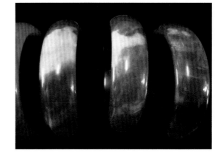

图6-8-11　戈壁玉

6.8.6　孔雀石

孔雀石由于颜色酷似孔雀羽毛上斑点的绿色而获得如此美丽的名字。孔雀石的英文名称为malachite，源于希腊语mallache，意为"绿色的石头"，早期被用作绿色颜料。中国古代称孔雀石为"绿青"或"石绿"。

孔雀石的基本性质见表6-8-6。

图6-8-6　孔雀石的基本性质

主要组成矿物		孔雀石
化学成分		$Cu_2CO_3(OH)_2$
结晶状态		晶体：常呈立方体、八面体、菱形十二面体及聚形； 集合体：条带状致密块状集合体
光学特征	颜色	鲜艳的微蓝绿至绿色，常有杂色条纹
	光泽	丝绢光泽至玻璃光泽
力学特征	摩氏硬度	3.5~4
	相对密度	3.95
琢型		珠子、弧面、双面抛光方牌，偶见雕刻件

孔雀石具有特征的绿色条带状或同心环状结构；不透明，见图6-8-12；手掂较重。

图6-8-12　孔雀石

6.8.7　菱锰矿（红纹石）

菱锰矿英文名称为rhodochrosite。菱锰矿单晶较少用作宝石，一般以晶体原石用作观赏石。红色的菱锰矿集合体在贸易中称为"红纹石"。

红纹石的基本性质见表6-8-7。

表6-8-7　红纹石的基本性质

主要组成矿物		菱锰矿
化学成分		$MnCO_3$
结晶状态		菱形晶体，多为晶质集合体
光学特征	颜色	粉红色，通常在粉红底色上可有白色、灰色、褐色或黄的条纹，透明晶体可呈深红色
	光泽	玻璃光泽
力学特征	解理	三组完全解理，集合体通常不见
	摩氏硬度	3~5
	相对密度	3.60

续表

特殊性质	遇盐酸起泡
内部特征	条带状，层纹状构造
琢型	弧面、雕件

集合体的菱锰矿（红纹石）具有特征的颜色：粉红色－深红色，具有条纹；玻璃光泽；半透明；硬度低，表面可见划痕。见图6-8-13和图6-8-14。

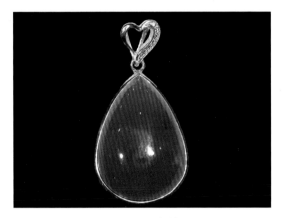

图6-8-13　红纹石

图6-8-14　红纹石的颜色条带

6.8.8　萤石

萤石的英文fluorite，来源于拉丁文名词fluo和动词fluor，分别指"流动的水"和"流动"。
萤石的基本性质见表6-8-8。

表6-8-8　萤石的基本性质

主要组成矿物		萤石
化学成分		CaF_2
结晶状态		晶体：常呈立方体、八面体、菱形十二面体及聚形； 集合体：条带状致密块状集合体
光学特征	颜色	白色、黑色及各种花纹和颜色
	光泽	玻璃光泽
力学特征	解理	晶体四组完全解理
	摩氏硬度	4
	相对密度	3.18
琢型		单晶：常见刻面 集合体：珠子、雕刻件

萤石单晶一般颜色较淡，表面极易出现划痕，切磨后的成品较少用于首饰镶嵌；集合体的萤石具有特征的颜色条带，弱玻璃光泽，半透明，见图6-8-15；硬度低，表面可见划痕。

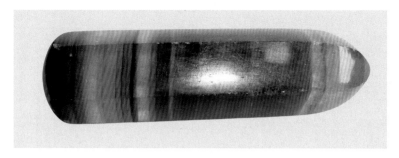

图6-8-15　萤石的颜色条带

6.8.9　黑曜岩（天然玻璃）

天然玻璃（natural glass）是由自然界形成的"玻璃"。黑曜岩是最常见的用于宝石的天然玻璃品种。

黑曜岩的基本性质见表6-8-9。

表6-8-9　黑曜岩的基本性质

矿物（岩石）名称		火山玻璃
化学成分		主要为SiO_2，可含多种杂质
结晶状态		非晶质体
光学特征	颜色	常具白色斑块，有时呈菊花状
	光泽	玻璃光泽
力学特征	解理	无；具贝壳状断口
	摩氏硬度	5~6
	相对密度	2.36~2.40
内部特征		圆形和拉长气泡，流动构造；常见晶体包体，似针状包体
琢型		珠子、弧面等

黑色，表面可有似雪花、菊花等形状的白色斑点，贸易中也称"雪花"黑曜岩，见图6-8-16；常出现晕彩，见图6-8-17；微透明；贝壳状断口；圆形和拉长气泡，流动构造；常见晶体包体，似针状包体。

图6-8-16　"雪花"黑曜岩

图6-8-17　黑曜岩的晕彩

7

有机宝石

　　有机宝石即含有机成分的宝石，主要的宝石品种有珍珠、珊瑚、象牙、琥珀、贝壳等。有机宝石的鉴定特征与其成因密切相关。需要注意的是部分有机宝石贸易在国际间是禁止的，如象牙等。

　　有机宝石首饰需要注意养护。有机宝石一般具有硬度较低、韧度高等特点，H_m=2.5~4。避免与金属等剐蹭，避免与其它无机宝石、玉石相互摩擦。多数有机宝石由有机质和无机质两部分组成。无机质主要是碳酸盐和磷酸盐。碳酸盐易受酸侵蚀，破坏有机宝石。万一遇酸，立即用清水冲洗，用软布吸干，在阴凉处阴干。有机质易受酒精、乙醚、丙酮等有机溶剂侵蚀；避免和指甲油、洗涤剂和化妆品等接触；避免接触汗液等；避免曝晒，防止持续恒温烘烤，部分有机宝石因含少量水，会因失水而变色、失去光泽。

7.1 珍珠

珍珠是唯一不需要任何切磨就可直接镶嵌佩带的宝石品种。天然形成的珍珠称为"天然珍珠"，英文为 natural pearl。"养殖珍珠"可简称为"珍珠"，英文为 cultured pearl，"海水养殖珍珠"可简称为"海水珍珠"，"淡水养殖珍珠"可简称为"淡水珍珠"。

7.1.1 应用历史与传说

珍珠英文 pearl，来源于拉丁语，指羊腿形状的贝、蚌；在波斯语中，原意为"大海之骄子"。珍珠是最古老的有机宝石，以其美丽的外观和独特的光泽一直广受青睐，有"珠宝皇后"的美誉，作为纯真、完美、权力和富贵的象征。现代有些国家将珍珠定为六月生辰石及结婚三十周年纪念品。

在《说文》中，珍，"宝也"，本义是珠玉等宝物；珠，"水精也，或生于蚌，阴精所凝"，本义是珍珠。许多文献典籍和文学作品都记录了珍珠，例如:《尚书·禹贡》中的"珠贡"，《国语·楚语》中"珠足以御火灾"；《韩非子·外储说左上》中有家喻户晓的"买椟还珠"的故事。

直到今天，许多常用的词语都与珍珠有关，与珍珠本意相关的有"珠翠""珠光宝气""珠辉玉丽""珠玉"等；比喻文采的有"珠玑"等；比喻美好事物的有"珠还""珠联璧合"等；像珍珠一样形状的有"珠帘"等。

7.1.2 成因和养殖

当海水或淡水中的双壳类软体动物遇到某些异物，如微生物或生物碎屑、砂粒等侵入其外套膜时，或病变等，外套膜受到刺激就会不断地分泌出珍珠质，并将异物层层包裹起来，长时间后便形成了珍珠。

目前绝大多数的珍珠都是养殖珍珠。养殖珍珠主要是模仿天然珍珠的形成过程，人为"插核"，刺激蚌或贝分泌珍珠质。淡水珍珠主要以无核养殖为主，单蚌产量高，可达几十粒；主要分布在中国长江中下游，日本有少量产出。海水珍珠则为有核养殖，单贝产量低，为1~3粒，一般为1粒；主要分布在广西北海、广东湛江以及日本、澳大利亚、菲律宾、印度尼西亚和塔希提岛等地。

无核养殖是指将非育珠蚌的细胞膜组织切成小片，小片插入到育珠蚌中，形成分泌珍珠质的核心。因为外套膜是软组织，所以在珍珠的中心常会留下细胞膜组织被吸收后的空洞。无核养殖珍珠的结构与天然珍珠基本相同，从内到外，都是珍珠质，见图7-1-1。

海水珍珠的有核养殖则是将淡水蚌的壳磨圆后，再附上非育珠蚌或贝的细胞膜组织小片为核，插入到养殖珍珠的育珠蚌或贝类体内。珍珠质覆盖于贝壳核之上。有核养殖珍珠的核（磨圆的淡水蚌壳）相当于"模子"，贝类在贝壳核上分泌珍珠质，因此这样生长的珍珠一般较圆，见图7-1-2。近年来，淡水养殖也发展有核养殖，珍珠核可以为圆形，也可以为纽扣形、菱形等各种异形。圆形核的淡水养殖珍珠常带有一个"逗号"状的"小尾巴"，见图7-1-3。

图7-1-1 淡水珍珠，
由内到外都为珍珠质

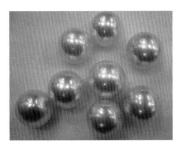

图7-1-2 正圆的海水珍珠，
内有圆核

图7-1-3 淡水有核珍珠，
常有"逗号"状的"小尾巴"

7.1.3 基本性质

珍珠的基本性质见表7-1-1。珍珠的颜色由体色（body color）、伴色（over tone）和晕彩（iridescence）组成。体色是珍珠对白光选择性吸收产生的颜色，即珍珠本体的颜色。伴色是漂浮在珍珠表面的一种或几种颜色。晕彩是在珍珠表面或表面下形成的可漂移的彩虹色。

表7-1-1 珍珠的基本性质

主要组成矿物		文石、方解石等
化学成分		无机成分：CaCO 有机成分：硬蛋白质（conchaolin） 核心：无核珍珠核心为贝、蚌的外套膜；有核珍珠核心常为贝壳
结晶状态		隐晶质非均质集合体
结构		珍珠层都呈同心层状或同心层放射状结构
光学特征	光泽	珍珠光泽
	颜色（体色）	淡水珍珠：白色、橙色、紫色；偶见粉色，一般被漂白为白色 海水珍珠：白色、黄色、灰色、黑色
	特殊光学效应	伴色：黑色、白色体色珍珠表面易观察到； 晕彩：橙色、紫色体色的淡水珍珠表面易观察到
力学特征	摩氏硬度	2.5~4.5
	韧度	高，为方解石（$CaCO_3$）的3000倍
	相对密度	2.60
特殊性质		遇酸起泡；过热燃烧变褐色；表面摩擦有砂感
商业品种	天然珍珠	天然珍珠（natural pearl）：在蚌、贝体内未经人工干预而天然形成的珍珠，完全由天然过程形成，可细分为天然淡水和海水珍珠
	淡水养殖珍珠	中国淡水无核养殖珍珠：中国产淡水无核养殖珍珠，见图7-1-4 中国有核淡水养殖珍珠：中国产淡水有核养殖珍珠，核可为各种形状，见图7-1-3
		日本淡水无核养殖珍珠：日本产淡水养殖珍珠
	海水养殖珍珠	南洋珍珠：南洋珍珠（south sea pearls）主要产自南太平洋海域沿岸国家，如澳大利亚、菲律宾、印度尼西亚等 南洋珍珠主要为金色、银色、银白色等，最有价值的是金黄色，见图7-1-5和图7-1-6
		塔希提黑珍珠：在塔溪提岛（Tahiti）等地养殖的黑色、灰色体色的海水养殖珍珠，带绿、蓝、紫等伴色，见图7-1-7
		日本Okoya珍珠：日本产白色的海水养殖珍珠，带粉红等伴色，见图7-1-8
		中国海水养殖珍珠：中国北海、湛江等地出产的海水养殖珍珠，主要为白色，带粉红等伴色，见图7-1-9

图 7-1-4　白、橙、紫色的淡水珍珠

图 7-1-5　金色南洋珍珠

图 7-1-6　白色南洋珍珠

图 7-1-7　黑色塔希提黑珍珠

图 7-1-8　日本 Okoya 珍珠

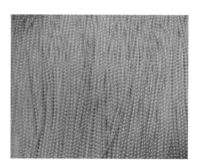

图 7-1-9　中国海水养殖珍珠

7.1.4　主要肉眼鉴定特征

珍珠具有典型的珍珠光泽，表面可观察到凹坑、无光白色斑点、螺纹、凸起等生长纹理和瑕疵，因而较容易鉴别，见图 7-1-10 和图 7-1-11。

图 7-1-10　淡水珍珠的表面瑕疵

图 7-1-11　海水珍珠的表面瑕疵

由于生长区域不同，产量、光泽、颜色等不同，淡水养殖珍珠和海水养殖珍珠价值差别较大，因而这两者的鉴别称为珍珠鉴定中的重要内容。淡水和海水珍珠可通过颜色、形状、大小等进行鉴别，见表 7-1-2。

（1）珍珠的形状和大小

淡水珍珠主要以无核养殖为主，海水珍珠则为有核养殖。由于是"无核"养殖，珍珠的形状不易得到控制。无核养殖珍珠常会出现水滴、梨形、椭圆、馒头形等。特别是底面光泽不如顶面的馒头形；有核养殖珍珠的核相当于一个"模子"，用于养殖珍珠贝类在其上分泌珍珠质，这样生长的珍珠一般较圆。

（2）颜色

淡水珍珠的颜色以白、橙、紫和粉色为主。由于粉色珍珠的色调一般深浅不一，较难搭配，常漂白为白色珍珠出售，因此在珠宝市场上常见的淡水珍珠颜色为白、橙、紫三色。其它色系的淡水珍珠大部分是染色或其它处理手段得到的。橙色和紫色的色调变化较大，橙色可由淡橙到深橙，有时候为红橙；紫色系列则由淡紫到深紫，有时出现蓝紫。在淡水养殖珍珠中，基本见不到蓝、绿和黑色。

海水珍珠的主要颜色为黑、灰、金黄和白色。黑色海水珍珠上常有绿、蓝或红色伴色。白色体色上常出现粉色的伴色。

表7-1-2　淡水珍珠和海水珍珠的鉴别

鉴定特征	淡水珍珠	海水珍珠
产量	较大，价值一般较海水珍珠低	较少，多国限制产量
单贝产珠量	可达20多个	1~3个，一般1个
体色	白色、橙色、紫色，偶见粉色	白、黑、黄、灰
光泽	珍珠光泽	珍珠光泽，一般比淡水珍珠强
是否有核	大部分为无核 有核：纽扣状、菱形等异形核，或圆形核	圆形核，直径常为3~15mm
强透射光照射	无核；异形核、圆形核	可见圆形核
大小	3~15mm， 一般为7~11mm	5~21mm， 常见9~15mm
形状	圆形、梨形、水滴形、算盘珠形、馒头形等 有核珍珠常带一个"尾巴"	9mm以上圆、较圆的异形等各种形状
	9mm以下米粒形、梨形、水滴形、算盘珠形、椭圆形、馒头形等一般为淡水珍珠	9mm以下较圆

7.1.5　优化处理

淡水珍珠的漂白属于优化，可以不必声明。

珍珠最常见的处理为染色处理。染色处理珍珠的鉴定特征为：出现了珍珠不常出现的颜色，如淡水珍珠出现蓝、绿、金黄、黑色等颜色，见图7-1-12、图7-1-13；颜色在表面凹坑和钻孔处加深，见图7-1-14；表面有珍珠层脱落；染成黑色者表面常出现异常的金属光泽或晕彩，见图7-1-15。

此外，还有将黑色海水珍珠褪色为巧克力色的褪色处理，见图7-1-16。

图7-1-12　染色淡水珍珠
（一）

图7-1-13　染色淡水珍珠
（二）

图7-1-14　染色淡水珍珠（三）
（颜色在钻孔处加深）

图7-1-15　染色淡水珍珠（四）
（异常晕彩）

图7-1-16　海水珍珠项链
（其中巧克力色为褪色处理而得）

7.1.6　相似品及仿制品

　　仿珍珠是将玻璃核、塑料核或贝壳核表面覆涂珍珠液等材料，以达到仿珍珠的形状和光泽的目的。

　　鉴定特征为：可有部分薄膜脱落；表面光滑无砂感，表面划痕；最重要的特征为钻孔处可见皱起，见图7-1-17和图7-1-18；此外，塑料核者，手掂较轻；玻璃核者，手掂较重。

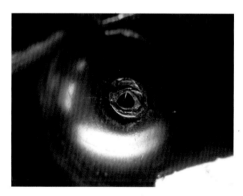

图7-1-17　仿珍珠（一）
（钻孔处的皱起）

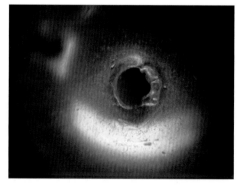

图7-1-18　仿珍珠（二）
（表面的划痕）

7.1.7　珍珠的质量评价

　　珍珠的质量评价见表7-1-3。

表7-1-3　珍珠的质量评价

评价因素	质量评价内容
种类	珍珠分为天然珍珠，海水养殖珍珠和淡水养殖珍珠； 一般而言，天然珍珠价值最高；海水养殖珍珠次之
光泽	越强越好；反射光特别明亮、锐利、均匀，表面像镜子，映像很清晰为最佳
表面光洁度	珍珠表面的凹坑、螺纹、斑点、突起、瑕疵越少越好，肉眼观察表面光滑细腻，极难观察到表面有瑕疵为最佳
颜色	黄色中以颜色鲜艳、浓郁饱和的金黄色为佳； 黑色中以黑带明亮的绿色伴色为佳，称为"孔雀绿"； 白色带粉红等伴色为佳
形状	一般以正圆为好，直径差百分比 ≤ 1.0% 为最佳
大小	越大价值越高
珠层厚度	有核珍珠的珍珠层厚度 ≥ 0.6mm 为佳，越厚越好；厚度太薄，珍珠层容易脱落
首饰的匹配性	形状、光泽、光洁度等质量因素一致，颜色、大小和谐有美感或呈渐进式变化，孔眼居中且直为最佳

7.2　珊瑚

7.2.1　应用历史与传说

　　珊瑚的英文名称为coral。红珊瑚在中国以及印度、印第安民族传统文化中都有悠久的历史。根据历史记载，人类对红珊瑚的利用可追溯到古罗马时代。我国藏族等民族对红珊瑚更是喜爱有加。

7.2.2　成因

　　珊瑚是由众多珊瑚虫及其分泌物和骸骨构成的组合体。珊瑚虫是一种海生圆筒状腔肠动物，在幼虫阶段便自动固定在先辈珊瑚的石灰质遗骨堆上，珊瑚是珊瑚虫分泌出的外壳。宝石用的贵珊瑚不构成大的礁，而是呈较小的分枝状构造附着于海底，其形态多呈树枝状，上面有纵条纹，横断面有同心放射状条纹，见图7-2-1。

图7-2-1　珊瑚枝

7.2.3　基本性质

　　珊瑚的基本性质见表7-2-1。

表7-2-1　珊瑚的基本性质

化学成分	钙质珊瑚：主要由无机成分（$CaCO_3$）和有机成分等组成； 角质珊瑚：几乎全部由有机成分组成
结晶状态	钙质珊瑚：无机成分为隐晶质集合体，有机成分为非晶质； 角质珊瑚：非晶质

续表

结构		钙质珊瑚：树枝状 角质珊瑚：年轮状构造
光学特征	颜色	钙质珊瑚：浅粉红至深红色、橙色、白色及奶油色，偶见蓝色和紫色； 角质珊瑚：黑色、金黄色、黄褐色
	光泽	蜡状光泽
	透明度	半透明-不透明
	紫外荧光	紫外灯下呈弱至强蓝白色荧光或紫蓝色荧光
力学特征	摩氏硬度	3~4
	韧度	高
	相对密度	1.70~2.00
表面特征		钙质珊瑚：颜色和透明度稍有不同的平行条带，波状构造； 角质珊瑚：横截面年轮状构造，呈同心环状；珊瑚原枝纵面表层具丘疹状外观
宝石学品种	钙质珊瑚	红珊瑚：浅粉红-深红色、橙色的钙质珊瑚，见图7-2-2
		蓝珊瑚：蓝色钙质珊瑚，见图7-2-3
		白珊瑚：白色钙质珊瑚
	角质珊瑚	黑珊瑚：黑色角质珊瑚
		金珊瑚：金黄、黄褐色角质珊瑚，多数为黑珊瑚漂白而来，见图7-2-4
琢型		弧面、珠子、雕刻件

图7-2-2　红珊瑚

图7-2-3　蓝珊瑚

图7-2-4　金珊瑚

7.2.4　主要肉眼鉴定特征

　　钙质珊瑚颜色为白色、粉红、红色和蓝色等；颜色和透明度稍有不同的平行条带，波状构造；表面有凹坑等生长瑕疵，见图7-2-5和图7-2-6。大型雕刻件可见树枝的弯曲。原料呈枝状，以沿纵向延伸的细波纹状构造为特征，枝状体的横截面上显示同心的"蜘蛛网状"构造。

　　角质珊瑚颜色成黑、褐黄和黄色；年轮状构造；珊瑚原枝纵面表层具丘疹状外观。

图7-2-5　红珊瑚表面的瑕疵

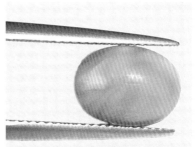
图7-2-6　红珊瑚的颜色条带

7.2.5　优化处理

红珊瑚最常见的处理方法为染色处理，可将白色或单色珊瑚染成浓艳的红色。染色珊瑚的表面可见染料沿生长条带分布，染料在裂隙、凹坑和钻孔处富集，见图7-2-7。

图7-2-7　染色珊瑚

7.2.6　相似品及仿制品

红珊瑚常见的仿制品为玻璃和塑料。由于塑料相对密度小，手掂重很轻，因而很容易鉴别。玻璃具有铸模痕，旋涡状条纹，气泡，贝壳状断口，以及没有特征的珊瑚构造，见图7-2-8。

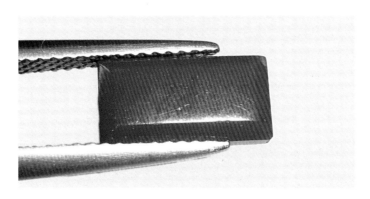
图7-2-8　玻璃

7.2.7　质量评价

国际市场上珊瑚的质量主要是根据颜色、质地、加工工艺和块度大小等因素来进行分级的，见表7-2-2。

表7-2-2　珊瑚的质量评价

评价因素	质量评价内容
颜色	颜色是影响珊瑚质量最重要的因素；红色为最佳，其次为蓝色、金黄色、黑色和白色，红色珊瑚中以红色鲜艳、纯正、浓厚、均匀无杂色为最好
质地	致密坚韧、细腻、无瑕疵者为佳； 多孔、多裂隙者价值低
加工工艺	造型越美，加工越精细者，价值越高
块度	一般而言，单体块度越大越好

红珊瑚是最常见的贵重珊瑚品种，在商业上，按颜色质量高低，依次将其分为"阿卡（AKA）红""沙丁红""摩摩（MOMO）红""天使面（ANGEL SKIN）""粉白""白色"等见表7-2-3。

表7-2-3　红色珊瑚的商业分级

商业名称	描述
阿卡（AKA）红	产自中国台湾，辣椒红色，质地细腻，虫眼少
沙丁红	产自意大利沙丁岛，大红，光泽略逊阿卡；质地尚好，虫眼经充填
摩摩（MOMO）红	桃红或橙红色；虫眼经充填
天使面（ANGEL SKIN）	粉红，也称"天使之面"
粉白	粉白色
白色	普通白色珊瑚

7.3　象牙

7.3.1　应用历史与传说

象牙（ivory）作为宝石有悠久的使用历史。但今天，为了保护大象，象牙贸易是被抵制和禁止的。

7.3.2　成因

象牙是雄性象的獠牙，即变形的门牙。哺乳动物的牙齿结构基本类似。象牙的外层是珐琅质，内层硬蛋白质和磷酸钙，里面有很多从牙髓向外辐射的硬蛋白质组成的细管，这些细管组成交叉的纹理，也称旋转引擎纹、来织纹或勒兹纹，成为鉴定的重要特征。

7.3.3 基本性质

象牙的基本性质见表7-3-1。

表7-3-1 象牙的基本性质

化学成分		主要组成为磷酸钙、胶原质和弹性蛋白； 猛犸象牙部分至全部石化，主要组成为SiO_2
结晶状态		隐晶质非均质集合体
结构		同心层状生长结构或同心层放射状结构
光学特征	颜色	白色至淡黄色，浅黄色
	光泽	油脂光泽－蜡状光泽
	透明度	半透明－不透明
	紫外荧光	紫外灯下呈弱至强蓝白色荧光或紫蓝色荧光
力学特征	摩氏硬度	2~3
	韧度	高
	相对密度	1.70~2.00
表面特征		象牙纵表面为波状结构纹，横截面为引擎纹效应
琢型		手镯、珠子、弧面、雕刻件

7.3.4 主要肉眼鉴定特征

大多数类型的牙类是白到淡黄色；半透明到不透明的；呈油脂光泽－蜡状光泽。

象牙制品具有旋转引擎纹，即交叉弯曲纹路，这一特征是具有诊断性的，见图7-3-1～图7-3-3。象牙纵截面显示波状近平行条纹样式，见图7-3-4；在用单个长牙加工成的大件物品中可看出长牙的弯曲。

图7-3-1 象牙的旋转引擎纹

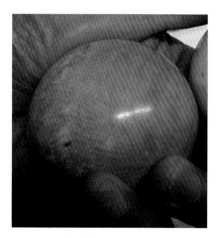

图7-3-2 染色处理象牙的旋转引擎纹

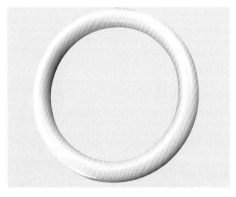

图7-3-3　象牙的引擎纹

图7-3-4　象牙纵面的波状近平行条纹

7.3.5　优化处理

象牙的漂白和浸蜡属于优化，且不易检测。偶见染色，可见颜色沿结构纹集中或见色斑，见图7-3-2。

7.3.6　相似品与仿制品

外观相似品和仿制品都不具备旋转引擎纹，这是鉴定象牙及相似品和仿制品的关键。

象牙的主要仿制品见表7-3-2。

表7-3-2　象牙的主要仿制品

骨头	在外观和物理性质上很像牙类； 构造上，骨头含许多小管，在横截面上呈小孔，而在纵截面上呈线状
塑料	可显示波状近平行条纹样式；规则得多的条纹外观；完全无"旋转引擎"样式
植物象牙	植物象牙采自某些棕榈树的坚果；长度可达 5cm；在透射或反射光下观察呈点状或孔洞状的样式，见图7-3-5

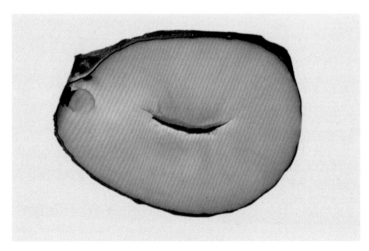

图7-3-5　植物象牙

7.4　琥珀

7.4.1　应用历史与传说

琥珀的英文为amber，据传是来自阿拉伯语anbar，意思是"胶"，因为西班牙人将埋在地下的阿拉伯胶和琥珀称为amber。

中国古代认为琥珀为"虎魄"，意思是虎之魂；自古就被视为珍贵的宝物，被广泛做成宗教器物。

7.4.2　成因

琥珀是石化的天然植物树脂，数千万年前的树脂被埋藏于地下，经过漫长的地质时期，在持续的温度和压力作用下，树脂失去挥发成分并聚合、固化形成琥珀。大多数宝石用的琥珀年龄一般是1500万~4000万年。

7.4.3　基本性质

琥珀的基本性质见表7-4-1。

表7-4-1　琥珀的基本性质

化学成分		$C_{10}H_{16}O$，可含H_2S
结晶状态		非晶质体
光学特征	颜色	浅黄、黄至深褐色、橙色、红色、白色
	光泽	树脂光泽
	紫外荧光	紫外线照射下弱-强，黄绿色至橙黄色、白色、蓝白或蓝色
力学特征	摩氏硬度	2~2.5
	相对密度	1.08
特殊性质		静电性，热针熔化，并有芳香味，摩擦可带电
包裹体		气泡，流动线，昆虫或动、植物碎片，其它有机和无机包体
宝石品种	蜜蜡	半透明至不透明的琥珀
	血珀	棕红至红色透明的琥珀
	金珀	黄色至金黄色透明的琥珀
	蓝珀	透视观察琥珀体色为黄、棕黄、黄绿和棕红等色 自然光下呈现独特的不同色调的蓝色，紫外光下可更明显，会随时间而减退，主要产于多米尼加
	虫珀	包含有昆虫或其它生物的琥珀
	植物珀	包含有植物（如花、叶、根、茎、种子等）的琥珀
琢型		手镯、珠子、弧面、雕刻件

7.4.4　主要肉眼鉴定特征

　　颜色主要为黄色、红色，透明到半透明；白色琥珀透明度一般较差；典型的树脂光泽；密度小，手掂较轻；硬度低，表面易见划痕；内部常有气泡，流动线，见图7-4-1和图7-4-2。

　　树脂是树为防御病害和昆虫的攻击而分泌的，是黏性的，小的昆虫极易被它捕获，因此内部也常可见昆虫或动、植物碎片，其它有机和无机包体等。

　　微损测试：热针探试，产生特殊气味；用小刀在不起眼处切，出现崩口或破裂。

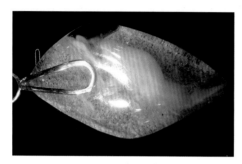 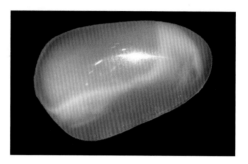

图7-4-1　琥珀　　　　　　　　　　　　　　　图7-4-2　琥珀

7.4.5　优化处理

　　琥珀常见的优化有热处理。将云雾状琥珀放入植物油中加热后变得更为透明。在处理过程中会产生叶状裂纹，通常称为"金色光芒"。

　　琥珀最常见的处理为染色处理。为模仿暗红色琥珀，用染料处理，也可有绿色或其它颜色的染色处理，可见有染料沿裂隙分布。此外，通过多次加温加压处理，可以将琥珀变为绿色。

7.4.6　仿制品

　　琥珀最主要的仿制品是柯巴树脂和塑料，其鉴别详见表7-4-2。

　　柯巴树脂是年龄小于200万年未石化的硬树脂，大多数年龄在100万年以内，松香味并未完全挥发出；表面易裂开，常具有裂纹。

　　塑料仿琥珀中常加入昆虫，以求逼真，常放入死昆虫，昆虫死后呈蜷曲状，而非琥珀中被树脂捕获时的挣扎状（见图7-4-3）；另外在塑料中常加入金属催化剂，因而可见金属小片的闪光。

表7-4-2　琥珀与其仿制品的鉴别

鉴定特征	琥珀	柯巴树脂	塑料
表面特征	较光滑	裂纹	铸模痕
内部昆虫	挣扎状	挣扎状	蜷曲状；小金属片
饱和盐水中	上浮	上浮	下沉
气味（热针探试）	特殊气味	松香味	辛辣味
小刀在不起眼处切	崩口或破裂	崩口或破裂	卷边的薄片或长条

图7-4-3　塑料（仿虫珀）

7.4.7　质量评价

国际上琥珀的质量主要是根据颜色、透明度、块体大小、内含物和绺裂等因素来进行分级的，见表7-4-3。

表7-4-3　琥珀的质量评价

评价因素	质量评价内容
颜色	以金黄色、红色为最佳，颜色正且浓艳者为上品
内含物	内含物的类型、稀有性以及美观、完整程度是决定质量的关键因素 含动、植物遗体多且完整者为佳品，个体不完整者则较差
净度	琥珀中裂隙、裂纹、杂质越少越好 琥珀中常有气、液包体，数量多时影响透明度
透明度	越透明越好，以晶莹剔透者为上品
块度	要求有一定块度，一般而言，块度越大越好

7.5　贝壳

7.5.1　应用历史与传说

贝壳（shell）的使用具有非常悠久的历史，是最早就被用于人类装饰的宝石品种之一。

7.5.2　成因

贝壳（shell）是软体动物的外套膜分泌的可形成保护身体柔软部分的钙化物，可随软体动物身体增长而增大加厚，因而具有典型的层状生长结构。

7.5.3 基本性质

贝壳的基本性质见表7-5-1。

表7-5-1 贝壳的基本性质

化学成分		CaCO₃，有机成分：C、H化合物，壳角蛋白
结晶状态		无机成分：斜方晶系（文石），三方晶系（方解石），呈放射状集合体 有机成分：非晶质
结构		同心层状或同心层放射状结构
光学特征	颜色	可呈各种颜色，一般为白、灰、棕、黄、粉等色
	光泽	油脂光泽至珍珠光泽
	透明度	半透明
	特殊光学效应	可具晕彩效应，珍珠光泽
力学特征	摩氏硬度	3~4
	韧度	高
	相对密度	2.86
结构特征		层状结构，表面叠复层结构，"火焰状"结构等

7.5.4 主要肉眼鉴定特征

颜色和透明略有差异的层状结构，如图7-5-1和图7-5-2所示的具有层状结构的砗磲；可具晕彩效应或珍珠光泽，如图7-5-3所示的具有晕彩效应的鲍贝和图7-5-4所示的养珠贝的珍珠光泽。

图7-5-1 砗磲贝壳（层状结构）

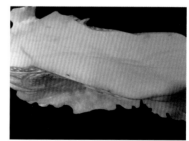

图7-5-2 砗磲贝壳（层状结构）

图7-5-3 鲍贝（晕彩效应）

图7-5-4 养珠贝（珍珠光泽）

7.5.5　优化处理

　　贝壳最常见的处理是染色，贝壳可被染成各种颜色，放大检查可见凹坑或瑕疵处颜色集中，见图7-5-5和图7-5-6。

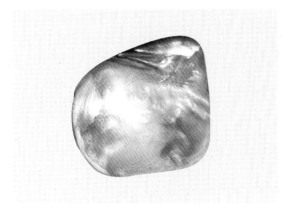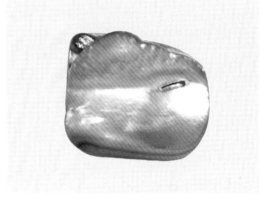

图7-5-5　染色贝壳（一）　　　　　　　　　图7-5-6　染色贝壳（二）

8

宝石的评价

宝石的鉴定是其评价的基础。有色单晶宝石、玉石和有机宝石的品种繁多，外观相似品多，常进行优化处理，并且部分贵重的品种有合成品。因而在鉴定时，需要首先鉴定宝石的种类，之后区分天然或是合成，如果是天然，是否经过优化处理，鉴定步骤见图8-1。

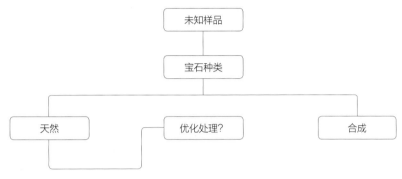

图8-1　宝石鉴定的步骤

之前的章节我们也提到，欧美国家将宝石分为钻石和有色宝石；我国将宝石分为宝石、玉石和有机宝石。考虑到钻石在光学、力学等方面性质的特殊性，且钻石有成熟的分级评价规则，因此在评价宝石时，本教材将宝石分为钻石、有色单晶宝石、玉石和有机宝石这四类进行介绍。

钻石自20世纪50年代起有成熟的4C分级评价原则，通过颜色、净度、切工和克拉重量进行评价，并成为其它各类宝石分级评价的基础，钻石的评价见第4章。但是钻石由于成分单一，并不需要考虑矿物亚种划分、产地等因素，而对于有色单晶宝石、玉石和部分有机宝石则需要重点考虑这些评价因素。

8.1　有色单晶宝石的评价

有色单晶宝石的评价需要从美丽、耐久、稀少和可接受性等几方面进行，具体通过种类、优化处理、颜色、重量、净度、切工等要素来进行综合评价，见图8-1-1。

图8-1-1　有色宝石的评价要素

（1）宝石的种类

应用历史长、有悠久佩戴传统的、可接受范围广的宝石品种更受人喜爱；光学和力学性质优异，即兼具美丽和耐久，而且较为稀少的新兴宝石品种也越来越受到大众的青睐。

传统的名贵有色宝石包括红宝石、祖母绿、蓝宝石、金绿宝石猫眼、变石等。有色宝石中最贵重的宝石品种，即克拉单价最高的宝石品种，当属红宝石。

新兴的名贵宝石品种有：尖晶石、锰铝榴石、沙佛莱（铬钒钙铝榴石）、碧玺、坦桑石、酒黄色托帕石、大颗粒的橄榄石、海蓝宝石、镁铝榴石、红色锆石等。这些新兴的贵重宝石品种是随着红宝石、祖母绿等宝石品种的价格不断升高，不断为人们所接收并喜爱。

相较于钻石的亮度与火彩，对于有色宝石而言，最重要的评价因素就是颜色。其美丽、鲜艳的颜色是受到喜爱的主要原因。

（2）优化处理

相同质量的宝石，经过优化的比没有经过优化的在价格上有所变化。

比如缅甸孟速矿区产的红宝石常常具有"黑心"，经过热处理之后，可以达到人们常说的"鸽血红"。天然没有经过热处理的"鸽血红"红宝石和经过处理之后达到"鸽血红"的红宝石，二者在数量级上大不相同，因而其稀有性就会大不相同，进而影响其价值。

祖母绿是一种多裂隙的宝石品种，对其注无色油以遮掩裂隙，是全世界宝石业界通行的并广为接受的做法。但是正因为大多数的祖母绿都经过了注油，没有经过注油等优化就能达到高质量外观的祖母绿，更显得弥足珍贵，其在稀有性上就远超需要经过注油才能达到这种外观的祖母绿。

处理一般而言不耐久或不为大众所接收，会在较大程度上影响宝石的价格。比如经过玻璃充填的红宝石，其在价格上比天然红宝石相去甚远；经过铍元素扩散处理的橙黄色蓝宝石，价格比天然颜色的帕德玛蓝宝石也差很远。

（3）宝石的质量

宝石的质量（quality），也常被称为宝石的品质。对成品宝石而言主要包括颜色、净度、切工等。

① 颜色　对于所有有色宝石而言，颜色可以说是最重要的评价因素。颜色一般要求纯、浓、艳、匀，即颜色应该纯正，尽量不夹杂别的色调，越接近纯的光谱色越好；浓，不宜淡；颜色应该鲜艳，忌灰、暗；色带不明显，宝石整体颜色越均匀越好。

最能引起人眼敏感的颜色是红色和绿色，因此对于体积占人体比例很小的宝石首饰而言，红色和绿色宝石也是最受人喜爱的。红色的红宝石和绿色的祖母绿也是有色宝石中最贵重的宝石品种。

观察时，注意灯光和环境背景的影响；避免使用过强的光、有颜色的光；有条件的话，应该选择黑、白色调的背景，在日光、荧光灯和白炽灯下都观察，注意颜色的差别。

② 净度　一般而言，肉眼都可在红蓝宝石中看到各种包体、裂隙等。以肉眼难观察包体和裂隙者为佳。

应当用反射光观察表面，并用透射光观察内部，注意观察包体的颜色与背景色的差别、大小、位置等，能否用镶爪遮盖等；特别需要注意看有无通达表面的裂隙。

③ 切工　有色宝石的切工没有钻石的切工那么重要。

内部较洁净者常磨成刻面。对于刻面宝石要求比例合适；晃动宝石，"闪烁"强。刻面宝石常出现的情况是，为了保重而将亭部切得过厚；为凸显宝石台面大，而切得过薄。

内部的包体或裂隙较多者，或具有特殊光学效应者常磨成弧面，弧面的底部一般不抛光。

④ 特殊光学效应　特殊光学效应会升高宝石的品质和价值。应该变换光源观察宝石，看是

否具有变色效应等；应仔细地使用点光源观察弧面宝石，看是否具有猫眼、星光等效应。

不同光源下，具有变色效应的宝石所呈现的颜色是否鲜艳、纯正，变色效果是否明显，是评价变色效应重要的指标；猫眼、星光效应是否明显，光带是否窄、亮、直，背景颜色以及光带与背景颜色的差别等都是评价这类宝石的关键。

（4）宝石的重量

宝石的重量可以放入到宝石的质量因素中一起评价，也可以单独评价。

毫无疑问，对于宝石而言，重量越大越好。但是对于很多稀有、贵重的宝石较小的颗粒已经比较难得。一般而言，对于贵重稀有宝石，3ct以上具有收藏价值；对于较稀有的珍贵宝石，5ct以上具有收藏价值；在宝石贸易中常见的宝石，则至少超过10ct以上，具有收藏价值。

（5）宝石的产地

某些产地的宝石供应量有限、质量好，有久远的应用历史与文化，接受度高，其价值就会相应高；某些产地产量大，价格可能会相对较低。

对于某一品种的宝石，一般通过颜色、净度、切工、重量等因素对有色宝石进行综合评价。应该结合各个要素进行综合评价，而非简单地通过某一或某几个要素就下判断。

8.2　玉石的评价

西方人看重颜色艳丽、透明、光泽强的单晶类宝石及有棱角、尖锐锋利的金属，强调个性；而东方人则喜欢温润、细腻，注重内在美，不追求锋芒毕露的玉石。在玉石评价上，也更注重质地细腻、巧色的运用、玉雕工艺以及造型寓意等。

玉石的评价因素见图8-2-1。

图8-2-1　玉石的评价因素

（1）玉石的种类

不同的玉石种类有不同的贵重和稀有程度，如一般说来，翡翠和和田玉的玉饰和玉雕的价值，远高于相同外观的东陵石和大理岩等品种。

（2）优化处理

玉石的优化处理对其价值影响很大，特别是很多优化处理并不耐久。外观相同的酸洗充胶处理的翡翠，与天然翡翠A货的价值相差可达到上千或万倍，甚至更多。

（3）玉石的质量

对于有色单晶宝石，最重要的就是颜色；而对于玉石，质地的细腻温润确是最重要的因素。

① 质地　古人辨玉，首德（质）而次符（色）。现今识玉，仍常将玉质放在首位。一般要求质地细腻，均匀，少杂质，少绺裂。

绺裂的大小，所在位置，是否明显，是否为通达表面裂隙还是内部裂隙等，对玉石的质量影响很大。贯穿整个玉雕作品的裂隙对玉雕的影响最大，内部通达表面的裂隙也会很大程度降低玉石的质量。

包体的颜色、形状、分布等也影响玉石的质量。分布越中央，与玉雕整体色反差越大，包体尺寸越大对整体质量的影响也越大。

② 颜色　颜色越鲜艳越好，越均匀越好。

③ 透明度　一般说来透明度越高越好，但不同的玉石有不同的评价标准。对于和田玉，并不以透明度高为贵。

④ 大小　同等质量情况下，尺寸越大越好。

（4）玉器的雕工

很多玉石为随形或原石，即作为宝石直接使用，而玉器则需考虑其雕工工艺水平。一般而言，玉器的工艺水平包含题材寓意和雕刻工艺。

① 题材寓意　一般说来，玉雕的表现主题应为吉祥、美好、向上的寓意，符合东方传统文化习俗、心理习惯，如佛、观音、生肖动物、具有吉祥寓意的花件、戒面、珠子等。纯粹展示雕工技巧，以西方的神话、人物、凶恶动物等为主要题材的受众面可能会较小。

玉雕有多种划分方式。如依据用途划分为挂件（观音、佛、生肖、花件等）、手镯、戒面、摆件等。也可依据图案形式划分。

常见玉雕的传统吉祥图案，见表8-2-1。

表8-2-1　常见玉雕的传统吉祥图案

类别	寓意	图案
吉祥如意	喜上眉梢	梅花枝头上有喜鹊
	流云百福	云纹（形若如意，绵绵不断） 蝙蝠，同"福"
	年年有余	两条鲶鱼（两鲶鱼谐音"年年"，"鱼"同"余"）
长寿多福	福在眼前	蝙蝠和古钱
	福禄寿	蝙蝠 鹿或葫芦（同"禄"） 桃或瑞兽（寓"寿"）
	五福捧寿	五只蝙蝠围着仙桃或"寿"字 五"福"为：寿、富、康宁、修好德、考终命
	多福多寿	桃和数只蝙蝠
	福寿双全	蝙蝠和桃
	福至心灵	蝙蝠 寿桃（桃形如"心"） 灵芝（同"灵"）
多子多孙	流传百子	开嘴石榴或葡萄（意为"多子"，古人认为多子多孙即是福） 或子孙葫芦（"子孙万代"）

续表

类别	寓意	图案
安宁、和平、吉祥	平安扣	圆扣，中空（古时人们认为佩戴可祛邪免灾，保出入平安）
	平安	宝瓶（佛具之一；同时"瓶"音同"平"，具有"保平安"之意）
	如意	如意（佛具之一，最初原型结合如意的头部呈弯曲回头之状，被人赋予了"回头即如意"的吉祥寓意）
	平安如意	瓶和如意
	如意吉祥	灵芝（在古代神话中被视为仙草，意"吉祥"） 如意
	事事如意	两个柿子（音同"事""事"） 如意，有时还有灵芝
	四季平安	豆荚（为四季豆，古时人们将其视为"四季平安豆"）
事业有成	马上封侯	马上有一蜂一猴（"蜂"音同"封"，"猴"音同"侯"）
	节节高	竹子（竹子生长具有节节增高的特点）
	大业有成	树叶（"叶"音同"业"）
生意兴旺	生财（白菜）	白菜（"菜"谐音"财"）
	财源广进（貔貅）	貔貅（中国古代神话传说中的一种神兽，龙头、马身、麟脚，以财为食，纳食四方之财，只进不出）
	五鼠运财	五只老鼠搬运铜钱（意"运财"）
	发财猪	猪（猪憨态可掬，被认为具有招财的功能）

② 雕刻工艺　雕刻工艺包括精细程度、难度大小、耗时、"巧色"的运用等。

玉器作品是经过认真的思考，经过精心的设计，玉器本身包含了艺术的成分，同样的原料，由于不同的设计师来设计，其作品的价值也会有很大差异的。

对于韧度比较大的和田玉和翡翠等，还要考虑其抛光程度，即抛光的光滑和细腻程度。

（5）历史应用与文化

在历史上是否有重要的应用，是否有其自身的玉石文化。如"黄龙玉"是新出现的玉石品种，一直有争议的最主要原因之一就是在历史上没有重要的应用，无自身的玉文化历史。

（6）产地

由于宝石级的翡翠目前只产出于缅甸，因而缅甸是最优质翡翠的产地。

和田玉的产地对宝石的价值影响较大。来自新疆和田的籽料被认为最贵重的。同等质量来自于中国青海省、俄罗斯、韩国等地的和田玉，价值则低于新疆所产的和田玉。

8.3　有机宝石的评价

有机宝石的种类少，评价因种类不同而不同，一般也可以种类、优化处理与否、质量、大小、应用历史与文化和产地等要素进行评价，但每个要素的侧重点不同。就质量而言，总的来说，质地越细腻、生长缺陷越少、块度越大越好。

由于象牙贸易被国际上禁止，因而本书不再介绍评价因素。对有机宝石的评价以其它最重要的两种有机宝石珍珠和珊瑚为例说明。

（1）珍珠

珍珠的评价因素见图8-3-1。

图8-3-1　珍珠的评价因素

对珍珠来说，颜色并不像光泽和圆度对珍珠的质量影响那么重要。

珍珠内部的种类划分对珍珠的价值影响非常大，珍珠的种类见图8-3-2。天然珍珠的价值远高于养殖珍珠；同等大小和质量情况下，养殖珍珠中海水珍珠的价值一般高于淡水珍珠，圆的有核珍珠价值高于无核珍珠。

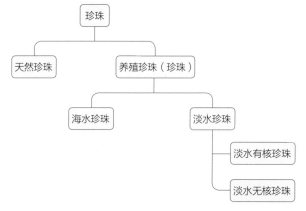

图8-3-2　珍珠的种类

（2）珊瑚

对珊瑚来说，最重要的评价因素是种类和颜色，产地和形状没有珍珠评价中那么重要，珊瑚的质量评价见图8-3-3。

图8-3-3　珊瑚的质量评价因素

9

宝石实验室常规鉴定仪器的使用

9.1　鉴定仪器

宝石实验室的常规鉴定仪器主要有放大镜、镊子、显微镜、偏光镜、二色镜、折射仪、分光镜、滤色镜、紫外荧光灯、静水力学天平等。本章属于入门课程的选学内容，同时也可作为宝石学专业学生的实习指导。

9.1.1　放大镜

宝石用放大镜一般为10倍放大，具体使用方法见表9-1-1。

表9-1-1　放大镜的使用方法

用途	放大观察；宝石的简易鉴定和净度分级、切工分级等，包括宝石基本性质及加工质量的观察与判别；综合评价
原理	珠宝玉石的内外部特征常因细小需进行放大观察
优点	便于携带，适用于野外、室外等场合。
使用方法	（1）将放大镜置于眼睛前方，并相对固定，见图9-1-1 （2）用反射光观察样品的表面特征，用透射光观察样品的内部特征
结果表示	直接描述所观察到的内、外部特征，特别是具鉴定意义的特征

图9-1-1　放大镜的使用

9.1.2　镊子

镊子的用途和具体使用方法见表9-1-2。

表9-1-2　镊子的用途和使用方法

用途	固定小颗粒的宝石，特别是过小而手指不方便拿的，用镊子以便放大观察等。置于显微镜的工作台（载物台）上，使宝石稳定及减轻手部疲劳
使用方法	使用镊子时应用拇指和食指控制镊子的开合； 用力须适当，过松夹不住，过紧会使宝石"蹦"出； 尽量用镊子的前端夹住宝石，避免观察室镊子所产生的阴影过大，如图9-1-2

图9-1-2　镊子的使用
（用镊子的前端轻夹住宝石）

9.1.3　显微镜

宝石用显微镜的规格一般为10~40倍放大，或6~60倍放大等，见图9-1-3，具体使用方法见表9-1-3。

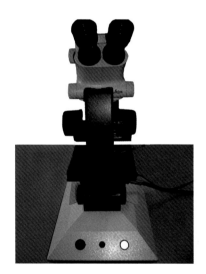

图9-1-3　宝石显微镜

表9-1-3　显微镜的用途和使用方法

用途	放大观察，特别是较微小的包裹体、色带、生长纹等
原理	珠宝玉石的内外部特征常因细小需进行放大观察，可附加散射白板、油浸、强光照明等方法
使用方法	（1）将样品擦洗干净，置于显微镜样品台上或镊子上 （2）先由低倍数聚焦观察，再上升到高放大倍数 （3）用反射光观察样品的表面特征，用透射光观察样品的内部特征 （4）特殊情况下，可附加散射白板、油浸等方法，观察内部生长纹、颜色分布特征等现象
结果表示	直接描述所观察到的内、外部特征，特别是具鉴定意义的特征

9.1.4 偏光镜

偏光镜主要由两个偏光片和一个干涉球组成。向四面八方振动的光通过偏光片后转为朝一个方向振动。在宝石鉴定中，一般使用正交偏光，即上下两个偏光片处于相互垂直的位置，观察宝石的光性，其用途详见表9-1-4；也可以将两偏光片调至平行的位置，观察宝石的多色性。

表9-1-4　偏光镜的用途

用途	区分珠宝玉石材料为均质体、非均质体或集合体；非均质体进一步分为一轴晶和二轴晶	
原理	在正交偏光下，宝石各方向转动360°	均质体均保持全黑（全消光）； 非均质体，除光沿样品光轴方向外，转动360°出现明暗各4次； 非均质集合体为全亮；均质集合体全暗
	利用干涉球（或博氏镜），还可确定非均质体宝石的轴性	
优点	简易、快速	
适用范围	透明-半透明的珠宝玉石材料	
局限性	部分均质体宝石，可能出现异常消光，需要配合折射仪、二色镜共同确定	
	宝石内部含有大量包体或裂隙时，测试的可靠性差	
	金刚光泽的宝石（折射率很高的材料），测试可靠性也较差。这是由于外界光线经宝石反射后的反射光会产生偏振化，影响判断结果	
结果表示	根据观测结果表示为均质体、非均质体、均质集合体、非均质集合体 对非均质体宝石，必要时可在非均质体后用括号表示出一轴晶或二轴晶	

在使用偏光镜时，首先需要使仪器上下偏振片处于正交位置（全黑）；然后把样品置于样品台上，转动样品或载物台，观察样品明暗变化，具体的使用方法见图9-1-4和表9-1-5。

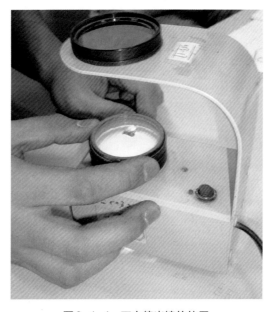

图9-1-4　正交偏光镜的使用

表9-1-5　正交偏光镜的使用方法

操作		现象	结果
宝石各方向转动360°		全黑	均质体
		蛇形、十字等异常消光	
宝石各方向 转动360°	除光沿样品光轴方向外	明暗各4次	非均质体
	光轴方向	全黑	
宝石各方向转动360°		全亮	非均质集合体
		全黑	均质集合体

　　利用干涉球确定宝石的轴性时，需要先找出光轴所在方位，即干涉色最高方位，使其光轴直立然后将干涉球置于样品之上，具体现象见表9-1-6。

表9-1-6　正交偏光镜加干涉球的使用

现象	结果
一个黑十字加上围绕十字的多圈干涉色色圈，黑十字由两个相互垂直的黑带组成，两黑带中心部分往往较窄，边缘部分较宽 干涉色色圈以黑十字交点为中心，呈同心环状，色圈越往外越密，转动宝石，图形不变	一轴晶干涉图
水晶由于内部结构使偏振光发生规律旋转（即旋光性），干涉图呈中空黑十字，称为"牛眼干涉图"	
某些水晶双晶的干涉图在中心位置呈现四叶螺旋桨状的黑带（特别是某些紫晶）	
一个黑十字及"∞"字形干涉色色圈组成，黑十字的两个黑带粗细不等。"∞"字形干涉色色圈的中心为两个光轴出露点，越往外色圈越密。转动宝石，黑十字从中心分裂成两个弯曲黑带，继续转动，弯曲黑带又合成黑十字	二轴晶干涉图
单光轴干涉图由一个直的黑带及卵形干涉色色圈组成，转动宝石，黑带弯曲，继续转动，黑带又变直	二轴晶干涉图

9.1.5　宝石折射仪

　　宝石的折射率是稳定常数，因此，在有条件测试宝石的折射率时，一般都应该进行测试。宝石折射仪由折射仪和偏光片组成，测试时，还需要折射油，见图9-1-5；测试刻面宝石时，需加上偏光片，见图9-1-6。

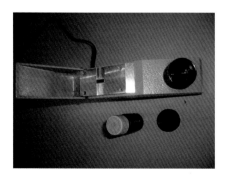 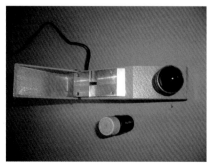

图9-1-5　折射仪、折射油和偏光片　　　图9-1-6　已加偏光片的折射仪、折射油

折射仪的用途见表9-1-7。

表9-1-7　折射仪的用途

原理	不同珠宝玉石材料具有特征的折射率或折射率范围
适用范围	折射率在折射仪测量范围内、具光滑面的珠宝玉石材料
局限性	样品无光滑面（如抛光面、晶面等），不易测定折射率、双折射率
	接触油会对有机宝石、绿松石等多孔，以及其它结构松散材料有损害，因而此类材料不能测定折射率、双折射率
	金刚光泽等高折射率的材料，无法确定具体折射率值
用途	测定折射率和双折射率 可判断珠宝玉石的光性特征，如非均质体/均质体、一轴晶/二轴晶甚至光性符号
结果表示	光滑平面珠宝玉石折射率、双折射率的实测值，保留到小数点后三位
	用点测法测得折射率，可保留到小数点后两位，并在其后加注"（点测法）" 点测法的测量精度一般为±0.01
	样品折射率超过折射仪及接触油测量范围时，可用">$N_{油}$"表示。如，当$N_{油}$为1.79时，可表示为>1.79。

宝石折射仪的使用方法见表9-1-8。

表9-1-8　宝石折射仪的使用方法

刻面宝石	（1）清洗或擦拭被测样品 （2）将适量的接触油滴在测量台上 （3）将样品的抛光面或晶面朝下，轻放于测量台的接触油上 （4）全方位转动样品和偏光片，并由观测目镜读出明暗交界线的刻度值即折射率值 （5）非均质体可测得一个最大值和一个最小值，两值之差即为双折射率 依据明暗交界线的变化情况，可判断样品的光性特征
弧面型宝石	（1）清洗棱镜和宝石，摘下偏光片。 （2）在金属台上点一滴接触油，一般少于刻面宝石的用量 （3）手持宝石，用弧面或小刻面接触金属台上的油滴 （4）将带有合适油滴的宝石轻轻放置于棱镜中央 （5）眼睛距目镜30～45cm，平行目镜前后（有人称为上、下）移动头部，当视域内的圆为一半暗、一半亮时，读取亮暗交界处的读数；有时抛光不好的弧面，会在暗圆内出现一道亮的弯月牙形，读取亮月牙尖位于圆正中的读数

9.1.6　二色镜

宝石的二色镜可分为棱镜式二色镜和伦敦二色镜两种。二色镜的用途和使用方法见表9-1-9。

表9-1-9　二色镜的用途和使用方法

原理	当光进入非均质体宝石时，分解成两束振动方向相互垂直的偏振光，该两束光的传播速度有所不同，宝石对该两束光产生的选择吸收也有差异，使不同方向上呈现的颜色色调或深浅有所不同，即多色性 一轴晶宝石可见二色性 二轴晶宝石可见二色性或三色性 多色性的明显程度，分为强、中、弱、无

适用范围	彩色透明至半透明非均质体宝石
局限性	不透明或透明程度差的样品，无法或不易观测多色性
	均质体及无色非均质体宝石，无多色性
	非均质集合体珠宝玉石，多色性不易观测
用途	根据多色性可以辅助判断彩色宝石的光性特征及宝石晶体结构的定向
使用方法	（1）光源最好紧贴样品，以形成良好的透射（也可使用自然光） （2）宝石应尽量靠近二色镜的一端，眼睛靠近另一端，准焦 （3）转动样品或二色镜，在不同方向上观察 （4）观察二色镜中出现颜色的变化，可以是颜色深浅或色彩的变化。
结果表示	直接描述观测到变化明显的两种或三种颜色。如蓝宝石的二色性：蓝，绿蓝

棱镜式和伦敦二色镜的使用分别见图9-1-7和图9-1-8。

图9-1-7　棱镜式二色镜的使用

图9-1-8　伦敦二色镜的使用
（观察红柱石的多色性）

　　需要注意的是，二色镜所观察到多色性的强弱与折射仪所观察到双折射率的大小并无必然联系。

9.1.7　分光镜

　　分光镜可为棱镜式或光栅式分光镜，二者的使用方法并无区别，见图9-1-9和图9-1-10。分光镜用途及使用方法见表9-1-10。

图9-1-9　光栅式分光镜

图9-1-10　分光镜的使用（棱镜式）

表9-1-10　分光镜的用途和使用方法

原理	珠宝玉石中某些元素吸收了特定波长的光，而在可见光谱（400~700 nm）中产生的黑色谱线或谱带。不同组分的同种珠宝玉石，其吸收光谱会有不同
优点	简易、快速，可随身携带
适用范围	大小合适、透明至半透明的有色样品
局限性	无色样品，一般仅钻石和锆石可观察到特征光谱
	样品太小时或不透明时，不易测定
	样品受热后，光谱可短暂消失
用途	通过Cr、Fe、Co、稀土等致色元素在不同宝石中的特征光谱，鉴定宝石品种
使用方法	根据样品情况选择反射光或透射光 调节样品位置或光源方向，使样品的反射光或透射光进入仪器 观测吸收谱线或带，并读出所对应波长或波长范围
结果表示	描述或图示所观察到的吸收光谱样式

9.1.8　滤色镜

滤色镜具体用途及使用方法见表9-1-11和图9-1-11。

表9-1-11　滤色镜的用途和使用方法

原理	滤色镜仅允许深红色、黄绿色光通过；Cr致色的绿色宝石在镜下变红
适用范围	红色、绿色和蓝色的宝石
局限性	滤色镜属于辅助性鉴定手段
用途	辅助区分部分宝石品种
使用方法	在白色无反光背景条件下强白光照射宝石 将查尔斯滤色镜紧靠眼睛，距离宝石30~40cm处观察
结果表示	可分别描述样品在滤色镜下的颜色和强度，如淡绿色、肉粉色等

图9-1-11　滤色镜的使用
（淡蓝色的海蓝宝石滤色镜下呈淡淡绿色）

9.1.9 紫外荧光灯

宝石所用的紫外灯光源长波为365 nm，短波为254 nm，见图9-1-12；具体用途及使用见表9-1-12。

图9-1-12 紫外荧光灯

表9-1-12 紫外荧光灯用途和使用方法

原理	某些珠宝玉石受到紫外光辐照时，会受激发而发出可见光。不同珠宝玉石品种甚至同一品种的不同样品，因其组成元素或微量杂质元素的不同，可呈现不同的荧光反应，表现不同的荧光颜色及荧光强度 根据荧光强度及有无荧光反应可分为强、中、弱、无 具磷光性的珠宝玉石在停止紫外光照射后，仍能在一定时间继续发出可见光
适用范围	大小合适、透明至半透明的有色样品
局限性	紫外荧光属于辅助型鉴定手段，同种宝石可发不同颜色和强度的荧光
用途	通过Cr、Fe、Co、稀土等致色元素在不同宝石中的特征光谱，鉴定宝石品种
使用方法	（1）在未打开紫外灯开关之前，将样品放在样品台上 （2）分别按长波和短波按钮，观察样品的荧光反应 （3）如需观察磷光性，关闭开关，继续观察
结果表示	可分别描述样品在长波和短波紫外光下的荧光强度和荧光颜色 如长波：强，蓝白；短波：中，蓝白。

9.1.10 静水力学天平

静水力学天平具体用途及使用方法见表9-1-13。

表9-1-13 静水力学天平的用途和使用方法

原理	不同珠宝玉石因化学组成和晶体结构不同，具不同的密度或密度范围，同种珠宝玉石因化学组成的差异或含杂质或混入物，密度会有一定的差异 根据阿基米德定律，采用静水称重法，样品的密度（ρ）可用样品在空气中的质量（m）和在液体介质（密度为ρ_0）中的质量（m_1），根据公式（1）计算得出 $$\rho = \frac{m}{m-m_1} \times \rho_0 \quad\cdots\cdots\cdots\cdots\cdots\cdots\cdots(1)$$ 式中　ρ——样品在室温时的密度，g/cm³； 　　　　m——样品在空气中的质量，g； 　　　　m_1——样品在液体介质中的质量，g； 　　　　ρ_0——液体介质在不同温度下的密度，g/cm³。
适用范围	大小合适的单种珠宝玉石
局限性	样品与其它物品串连、镶嵌、拼合等非独立情况下时，不能准确测定密度。
	样品为多孔质或会吸附介质、介质对样品有损时，不能测定密度
	样品过小时，测量值误差过大，不易准确测定密度
	样品过大超过衡器称量范围时，不能测定密度
用途	测定珠宝玉石的密度或相对密度
使用方法	（1）调整天平至水平位置； （2）测量样品在空气中的质量（m）； （3）测量样品在液体介质中的质量（m_1）或直接测量样品在空气中质量与样品在液体介质中质量的差值（$m-m_1$）； （4）测得测量时液体介质的温度，选择相应温度下液体介质的密度ρ_0； （5）代入密度计算公式，得出样品密度ρ
结果表示	密度单位g/cm³，保留小数点后二位数 如不能或不易测定密度时，可表示为"不可测"

9.2　宝石的综合鉴定

　　仪器的使用一般遵循快速、简便和准确的原则。在使用仪器先后上，也以尽量快速缩小鉴定范围和准确定名为目标。所有的仪器测试均应在肉眼观察之后进行，如表9-2-1，表9-2-2所示。

表9-2-1 宝石的综合鉴定

观察方法	观察内容
肉眼观察	颜色 光泽

观察方法	观察内容
肉眼观察	透明度 琢型 大小（示意图） 特殊光学效应 手掂重 表面特征，如划痕等 内部特征，如贯穿裂隙，明显的包裹体等 其它可观察到的信息

表9-2-2　宝石的常规仪器综合鉴定

序号	仪器	方法	现象	结论
1	10倍放大镜	放大观察	后刻面棱重影	非均质体 双折率大
			棱线磨损	硬度低 或：脆性大
			表面划痕	硬度低
			特征的内部包体	
2	偏光镜	正交偏光镜下旋转360°	全暗	均质体
			异常消光（画示意图）	
			四明四暗	非均质体
3	折射仪	转动宝石 转动偏光片 （读数精确至小数点后3位）	一条阴影边界 RI=（小数点）	均质体
			两条阴影边界，其中一条移动	一轴晶（+/-）
			两条阴影边界，均移动	二轴晶（+/-）
		弧面宝石 （读数精确至小数点后2位）	圆的一半明一半暗的分界线	
		视域内全暗		＞1.78
4	二色镜	不同方向转动宝石 转动仪器360°	两种颜色	非均质体
			三种颜色	二轴晶非均质体
5	显微镜	油浸等	特征包体、拼合特征 （画示意图）	特定的宝石品种

续表

序号	仪器	方法	现象	结论
6	分光镜	光栅式/棱镜式	Cr、Fe、V、Co、稀土元素谱等 （画示意图）	特定的宝石品种中特定致色元素
7	滤色镜	红、绿、蓝色宝石	变红 变绿	特定的宝石品种或元素
8	紫外荧光	长波/短波	发某种颜色光	特定的宝石品种

9.3 宝石的证书

一份正规的宝石鉴定证书，应该包括以下内容：

① 外观描述（颜色、形状、光泽、解理等）；

② 质量或总质量；

③ 摩氏硬度（原石，必要时）；

④ 密度；

⑤ 光性特征；

⑥ 多色性；

⑦ 折射率（在折射仪范围内）；

⑧ 双折射率（在折射仪范围内）；

⑨ 紫外荧光；

⑩ 放大检查；

⑪ 特殊光学效应和特殊性质（必要时）；

⑫ 其它的特殊检测方法（必要时）。

附　录

附表 1　宝石的常见商用名称表

常见商用名称（按拼音排序）	宝石名称
A货（翡翠）	翡翠
阿富汗玉	白色大理岩
澳宝	欧泊
奥地利水晶	常为铅玻璃
澳洲玉	玉髓（绿色）
B货（翡翠）	翡翠（漂白和充填处理）
巴基斯坦玉	大理岩（黄色条纹状）
白纹石	菱镁矿
鲍文玉	岫玉
碧玉（和田玉）	绿色阳起石玉（和田玉）
碧玉（风景碧玉）	石英岩
砭石	黑色碳酸盐，主要为大理岩
C货（翡翠）	染色处理翡翠
D货，或B+C货（翡翠）	染色、漂白充填处理翡翠
非洲硬玉	水钙铝榴石
粉晶	芙蓉石
汉白玉	大理岩（白色）
红绿宝石	红宝石和绿色绿帘石
红纹石	菱锰矿
鸡血玉	常见为染色处理的岫玉（红色）

续表

常见商用名称（按拼音排序）	宝石名称
捷克水晶	铅玻璃
京白玉	白色石英岩
京粉翠	蔷薇辉石
雷公墨	天然玻璃
"凉水"玉	符山石
绿松石B货	充胶处理绿松石
马来玉	染色石英岩（绿色）
"马白"珍珠	拼合珍珠
摩根石	粉红色绿柱石
南阳玉	绿色石英岩，或独山玉
祁连玉	岫玉（暗绿色，常带黑点）
帕德玛蓝宝石（padparadscha）	蓝宝石（粉橙色）； 或：铍扩散处理橙红色蓝宝石
帕拉伊巴宝石	蓝色碧玺
沙弗莱	绿色铬钒钙铝榴石
水蓝宝石	堇青石
"水沫子"	钠长石玉，或石英岩
水钻	铅玻璃
"苏联钻"	合成立方氧化锆
土耳其玉	绿松石
威廉玉	符山石或岫玉
亚利桑那红宝石	镁铝榴石
稀土橄榄石	玻璃
紫龙晶	查罗石

附表2 宝石的简明鉴定特征表（按折射率索引）

宝石名称	主要化学成分	折射率	双折率	光性	常见颜色	密度 /(g/cm³)	H_M	解理	内部特征	其它特征
萤石 fluorite	CaF_2	1.434	无	均质	绿、蓝、棕、黄、粉、紫、无色	3.18	4	四组完全	色带，两相或三相包体，可见解理呈三角形发育	集合体常具颜色条带；变色效应；一般很强荧光，可具磷光
合成欧泊 synthetic opal	$SiO_2 \cdot nH_2O$	1.43~1.47	无	均质	白、黑、灰、深蓝及深橙	1.97~2.20	4.5~6	无	变彩色斑呈镶嵌状结构，边缘呈锯齿状，每个镶嵌块内可有蛇皮、蜂窝状，阶梯状结构	变彩效应
欧泊 opal	$SiO_2 \cdot nH_2O$	1.450	无	均质	白、橙、红、黑、深灰、蓝、绿、棕	2.15	5~6	无	色斑呈不规则片状，边界平坦目较模糊，表面呈丝绢状外观	变彩效应；可具磷光；火欧泊常见异常消光，折射率最低达1.37；绿色欧泊有660nm、470 nm吸收线
塑料 plastic	C、H、O	1.460~1.700	无	均质	红、橙黄、黄其它各种颜色	1.05~1.55	1~3	无	气泡、流动线、橘皮效应，浑圆状划面棱线	热针熔化，并有辛辣味，摩擦带电，触摸温感
硅孔雀石 chrysocolla	$(Ca,Al)_2H_2Si_2O_5(OH)_4 \cdot nH_2O$	1.461~1.570	—	集合体	绿色、浅蓝绿色、含杂质时可变成褐色	2.0~2.4	2~4	集合体无	隐晶质结构	
玻璃 glass	SiO_2	1.470~1.700	无	均质	各种颜色	2.30~4.50	5~6	无	气泡、表面洞穴、拉长的空管、流动线、"橘皮"效应，浑圆状划面棱线	砂金效应、变色效应、猫眼效应、晕彩效应、光彩效应、变彩效应，呈现效应；常见异常荧光性；含稀土元素者折射率为1.80
方钠石 sodalite	$Na_8Al_6Si_6O_{24}Cl_2$	1.483	无	均质 集合体	深蓝－紫蓝	2.25	5~6	不易见	常见白色脉	遇盐酸浸蚀

续表

宝石名称	主要化学成分	折射率	双折率	光性	常见颜色	密度 /(g/cm³)	H_M	解理	内部特征	其它特征
珊瑚 coral	$CaCO_3$ 和有机成分	1.486~1.658	—	集合体	浅粉红-深红、橙、白、奶油色	1.35~2.65	3~4	无	珊瑚虫腔体表现为颜色和透明度稍有不同的平行条带、波状构造	遇盐酸起泡
方解石（冰洲石）calcite (iceland spar)	$CaCO_3$	1.486~1.658	0.172	一轴负	无色、白、浅黄	2.70	3	三组完全	强双折射现象，解理	猫眼效应；因存在杂质而具吸收谱线；无色透明者为冰洲石
大理石 marble			—	集合体	白、黑及各种花纹和颜色				粒状结构，可见三组解理发育；或片（板）状结构及纤维状结构	遇盐酸起泡；大理石由于不纯净可显示吸收谱线
天然玻璃 natural glass	SiO_2，可含多种杂质	1.490	无	均质	黄-褐、绿、黑、橙、红	2.36~2.40	5~6	无	圆形和拉长气泡、流动构造，黑曜岩中常见晶体包体，似针状包体	常见异常消光；贝壳状断口；黑曜岩常具白色斑块，有时呈菊花状
青金石 lapis lazuli	$(NaCa)_8(AlSiO_4)_6(SO_4, Cl, S)_2$	1.50	—	集合体	微绿蓝-紫蓝	2.75	5~6	无	粒状结构，常含有方解石、黄铁矿等	查尔斯滤色镜下呈褐红色；长波下方解石包体可发粉红色荧光；有时因含方解石，折射率可达1.67
养殖珍珠 cultured pearl	$CaCO_3$, C, H 化合物	1.500~1.685	—	集合体	无-浅黄色、粉红、绿、蓝、紫	2.66~2.78	2.5~4	无	有核养殖珍珠：珍珠质呈同心放射状结构，表面微细层纹；珠核呈平行层状，珠核处反白色冷光	珍珠光泽；遇盐酸起泡；过热烧变褐色；表面摩擦有砂感
天然珍珠 natural pearl		1.530~1.685	—	集合体	无-浅黄、粉红、浅绿、蓝、黑	2.61~2.85	2.5~4.5	无	同心放射层状结构，表面生长纹理	

续表

宝石名称	主要化学成分	折射率	双折率	光性	常见颜色	密度/(g/cm³)	H_M	解理	内部特征	其它特征
白云石 dolomite	CaMg(CO₃)₂	1.505~1.743	0.179~0.184	一轴负/集合体	无色、白、带黄或褐色色调	2.86~3.20	3~4	三组完全	可见三组完全解理	遇盐酸起泡
月光石 moonstone	XAlSi₃O₈；X为Na、K、Ca-Al	1.518~1.526	0.005~0.008	二轴晶	无色-白	2.58	6~6.5	两组完全	可见"蜈蚣状"包体、指纹状包体、针状包体、双晶纹、聚片双晶	常见蓝色、无色或黄色等晕彩
天河石 amazonite		1.522~1.530	0.008	二轴晶	亮绿或亮蓝绿至浅蓝	2.56	6~6.5	两组完全	常见绿色和白色网格状色斑	
钠长石玉 albite jade	NaAlSi₃O₈	1.52~1.54	—	集合体	灰白、灰绿白、灰绿、白、无色	2.60~2.63	6	{001}完全	纤维状或球状结构	
青田石 qingtian stone	叶蜡石：Al₂(Si₄O₁₆)(OH)₂	1.53~1.60	—	集合体	浅绿、浅黄、黄、灰	2.65~2.90	1~1.5	无	致密块状、可含有蓝色、白色等斑点	
贝壳 shell	CaCO₃、C、H化合物、壳角蛋白	1.530~1.685	0.155	集合体	白、灰、棕、黄、粉	2.86	3~4	无	层状结构、表面叠复层层结构、"火焰状"结构等	可具晕彩效应、珍珠光泽、遇盐酸起泡
鱼眼石 apophyllite	KCa₄Si₈O₂₀(F,OH)·8H₂O	1.535~1.537	0.002	一轴负	无色、黄、绿、紫、粉红	2.40	4.5~5	一组完全	气液包体	
玉髓 chalcedony (agate)	SiO₂	1.535~1.539	0.004	集合体	各种颜色	2.60	6.5~7	无	隐晶质结构；玛瑙可有同心层状和规则的条带状	晕彩效应、猫眼效应、贝壳状断口
象牙 ivory	磷酸钙、胶原质、弹性蛋白	1.535~1.540	—	非晶质集合体	白-淡黄、浅黄	1.70~2.00	2~3	断口	波状结构纹（引擎纹效应）	硝酸、磷酸能使其变软
日光石 sunstone	XAlSi₃O₈（X为Na、K、Ca-Al）	1.537~1.547	0.007~0.010	二轴晶	黄、橙黄至棕色	2.65	6~6.5	两组完全	常见红色或金色的板状包体、具金属质感	具红色或金色的砂金效应

宝石名称	主要化学成分	折射率	双折率	光性	常见颜色	密度 /(g/cm³)	H_M	解理	内部特征	其它特征
琥珀 amber	$C_{10}H_{16}O$，可含 H_2S	1.540	无	均质	浅黄、黄至深褐、橙、红、白	1.08	2~2.5	无	气泡、流动线、昆虫或动、植物碎片，其它有机和无机包体	热至熔化，并有芳香味；摩擦可带电；常见异常消光
滑石 talc	$Mg_3Si_4O_{10}(OH)_2$	1.540~1.590	0.050	二轴负	浅-深绿、白、灰、褐	2.75	1~3	无	常含有脉状、斑块状掺杂物，手感滑润	
堇青石	$Mg_2Al_4Si_5O_{18}$	1.542~1.551	0.008~0.012	二轴负	浅-深的蓝和紫	2.61	7~7.5	一组完全	颜色分带、气液包体	星光效应，猫眼效应（稀少）；砂金效应；三色性强；吸光谱：426，645 nm 弱吸收带
木变石 tiger's-eye — 虎睛石 tiger's-eye	SiO_2	1.544~1.553	—	集合体	棕黄、棕-红棕	2.64~2.71	7	无	可具波状纤维结构	猫眼效应
木变石 tiger's-eye — 鹰眼石 hawk's-eye					灰蓝、暗灰蓝				纤维状结构，纤维清晰	
石英岩（东陵石）quartzite (aventurine quartzite)	SiO_2	1.544~1.553	—	集合体	绿、灰、黄、褐、橙红、白、蓝	2.64~2.71	7	无	粒状结构，可含云母或其它矿物包体	含铬云母的石英岩：可具 682 nm，649 nm 吸收带；东陵石具砂金效应
硅化木 pertrified wood	SiO_2、$SiO_2 \cdot nH_2O$；C、H 化合物	1.544~1.553	—	集合体	浅黄-黄、褐、红、棕、黑、灰、白	2.50~2.91	7	无	木质纤维状结构，木纹	
水晶 rock crystal — 水晶 rock crystal	SiO_2	1.544~1.553	0.009	一轴正	无色透明	2.66	7	无	色带；固体矿物包体，液体、气液二相，固液三相包体；负晶	猫眼效应；"牛眼"干涉图；紫晶常有巴西律双晶；淡粉红色石英中可见六射星光效应
水晶 rock crystal — 紫晶 amethyst					浅-深的紫					

附录 **199**

续表

宝石名称		主要化学成分	折射率	双折率	光性	常见颜色	密度 /(g/cm³)	H_M	解理	内部特征	其它特征
水晶 rock crystal	黄晶 citrine	SiO_2	1.544~1.553	0.009	一轴正	浅黄、中-深黄	2.66	7	无	色带;固体矿物包体、液体、气液二相、固液二相包体;负晶	猫眼效应;"牛眼"干涉图;紫晶常有巴西律双晶;淡粉色石英中可见六射星光效应
	烟晶 smoky quartz					浅-深褐、棕					
	绿水晶 green quartz					绿-黄绿					
	芙蓉石 rose quartz					浅-中粉红,色调较浅					
龟甲(玳瑁) tortoise shell		有机质	1.550	无	均质	黄和棕斑纹,有时黑或白	1.29	2~3	无	球状颗粒组成斑组结构	硝酸能溶,不与盐酸反应;热针能熔,具头发烧焦味;沸水中变软
方柱石 scapolite		$Na_4Al_3Si_9O_{24}Cl-Ca_4Al_6Si_6O_{24}(CO_3,SO_4)$	1.550~1.564	0.004~0.037	一轴负	无、粉红、橙黄、绿、蓝、紫	2.60~2.74	6~6.5	两组	平行管状包体、针状包体、固体包体、气液包体、负晶	猫眼效应;粉红色:663 nm 和 652 nm吸收线
查罗石 charoite		$(K,Na)_5(CA,Ba,Sr)_8(Si_6O_{15})_2Si_4O_9(OH,F)\cdot11H_2O$	1.550~1.559	0.009,集合体不可测	二轴正	紫、紫蓝	2.68	5~6	通常不见	纤维状结构,含绿黑色霓石、普通辉石、绿灰色长石等矿物、色斑	可含有黑、灰、白或褐棕色色斑
拉长石 labradorite		$XAlSi_3O_8$	1.559~1.568	0.009	二轴晶	灰-灰黄、橙-棕、红、绿	2.70	6~6.5	两组完全	常见双晶纹、双晶纹、气液包体、聚片双晶、针状包体等	晕彩效应
寿山石(田黄) larderite (tian huang)		石:$Al_4(Si_4O_{10})(OH)_8$	1.56(点)	—	集合体	黄、白、红、褐	2.5~2.7	2~3	无	致密块状构造,隐晶质至细粒状呈显微鳞片状结构	田黄或某些水坑石常具特殊的"萝卜纹"状条纹构造
蛇纹石(岫玉) serpentine		$(Mg,Fe,Ni)_3Si_2O_5(OH)_4$	1.560~1.570	—	集合体	绿-绿黄色、白、灰、黑	2.57	2.5~6	无	黑色矿物包体、白色条纹,叶片状、纤维状交织结构	猫眼效应(极少)

续表

宝石名称	主要化学成分	折射率	双折率	光性	常见颜色	密度/(g/cm³)	H_M	解理	内部特征	其它特征
鸡血石 chicken-blood stone	HgS、地开石、高岭石、	"地" ≈ 1.56	—	集合体	"地"：白、黄；"血"：红色	2.61	2~3	无	"血"呈微细细粒状，成片或零星分布于"地"中	"血"折射率>1.81
独山玉 dushan yu	斜长石（钙长石）、黝帘石	1.560~1.700	—	集合体	白、绿、紫、蓝绿、黄、黑	2.90	6~7	无	纤维粒状结构，可见蓝、蓝绿或紫色色斑	
祖母绿 emerald	$Be_3Al_2Si_6O_{18}$	1.577~1.583	0.005~0.009	一轴负	浅-深绿、蓝绿、黄绿	2.72	7.5~8	一组	裂隙常较发育；三相包体；矿物包体：如方解石、黄铁矿、云母、电气石、阳起石、透闪石、石英、赤铁矿等	猫眼效应；多色性：中-强、蓝绿、黄绿；683 nm，680 nm强吸收线，662 nm，646 nm弱吸收线，630~580 nm部分吸收带，紫区全吸收
海蓝宝石 aquamarine					绿蓝-蓝绿、浅蓝、一般色调较浅				液体包体，气液两相包体，三相包体，平行管状包体	猫眼效应；多色性：弱-中、蓝、绿蓝或不同色调的蓝色；537nm，456 nm弱吸收线，427 nm强吸收线，依颜色变深而变强
绿柱石 beryl					无、绿、黄、粉、红、棕、蓝、黑				可含固体矿物包体，气液两相包体，或管状包体	猫眼效应；多色性：因颜色各异；通常无-弱的铁吸收
羟硅硼钙石 howlite	$Ca_2B_5SiO_9(OH)_5$	1.586~1.605	—	集合体	白、灰白、常具深灰和黑色网脉	2.58	3~4	无	深灰色或黑色网状脉	
菱锰矿 rhodochrosite	$MnCO_3$	1.597~1.817	0.220	一轴负/集合体	粉红，可有褐或黄的条纹；灰、黄、透明晶体可呈深红色	3.60	3~5	三组完全	条带状，层纹状构造	410nm，450nm，540 nm弱吸收带；遇盐酸起泡；多色性：中-强、橙黄、红，集合体无

续表

宝石名称	主要化学成分	折射率	双折率	光性	常见颜色	密度 /(g/cm³)	H_M	解理	内部特征	其它特征
磷铝钠石 brazilianite	NaAl₃(PO₄)₂(OH)₄	1.602~1.621	0.019~0.021	二轴正	黄绿-绿黄，偶见无色	2.97	5~6	一组中等	气液包体，固相包体	多色性：弱，黄绿，绿
软玉 nephrite	Ca₂(Mg,Fe)₅Si₈O₂₂(OH)₂	1.606~1.632	—	集合体	浅-深绿，黄-褐，白，灰，黑	2.95	6-6.5		纤维交织结构，黑色固体包体	极少见模糊吸收线，500 nm可见有模糊吸收线，优质绿色软玉可在红又有模糊吸收线
绿松石 turquoise	CuAl₆(PO₄)₄(OH)₈·5H₂O	1.610~1.650	—	集合体	浅-中蓝，绿蓝-绿	2.76	5~6	无	常有斑点，网脉或暗色基质	偶见420nm，432nm，460 nm中至弱吸收带
磷铝锂石 amblygonite	(Li,Na)Al(PO₄)(F,OH)	1.612~1.636	0.020~0.027	二轴晶正或负	无-浅黄，绿，黄，蓝，褐	3.02	5~6	两组完全	似脉状液体包体，平行解理方向的云状物	磷光：浅蓝色的磷光（长，短波）
天蓝石 lazulite	MgAl₂(PO₄)₂(OH)₂	1.612~1.643	0.031	二轴负	深蓝，蓝绿，紫蓝，蓝白，天蓝	3.09	5~6	少见	块状集合体，可含有白色包体	多色性：强，暗紫蓝色，浅蓝，无色
阳起石 actinolite	Ca₂(Mg,Fe)₅Si₈O₂₂(OH)₂	1.614~1.641	0.022~0.027	二轴负	浅-深绿，黄绿，黑	3.00	5~6	两组完全	平行纤维结构	猫眼效应 吸光谱：503 nm弱吸收线
葡萄石 prehnite	Ca₂Al(AlSi₃O₁₀)(OH)₂	1.616~1.649	0.020~0.035	一轴正，集合体	白，浅黄，肉红，绿，常呈浅绿	2.80~2.95	6~6.5	一组	纤维状结构，放射状排列	438 nm弱吸收带
托帕石 topaz	Al₂SiO₄(F,OH)₂	1.619~1.627	0.008~0.010	二轴正	无色，蓝，粉红，褐黄，红，绿	3.53	8	一组完全	二相，三相包体，两种或两种以上不混溶液包体，矿物包体，负晶	极少数蓝色和黄橙色样品具猫眼效应
天青石 celestite	(Sr,Ba)SO₄ Sr > Ba	1.619~1.637	0.018	二轴正	无色，浅蓝，黄，橙，绿	3.87~4.30	3~4	两组完全	矿物包体，气液包体	
菱锌矿 smithsonite	ZnCO₃	1.621~1.849	0.225~0.228	一轴负，集合体	绿，蓝，棕，黄，粉，无色	4.30	4~5	三组完全	单晶具三组完全解理，集合体常呈放射状结构	遇盐酸起泡

续表

宝石名称	主要化学成分	折射率	双折率	光性	常见颜色	密度/(g/cm³)	H_M	解理	内部特征	其它特征
碧玺 tourmaline	(Na, K, Ca)(Al, Fe, Li, Mg, Mn)₃(Al, Cr, Fe, V)₆(BO₃)₃(Si₆O₁₈)(OH, F)₄	1.624~1.644	0.018-0.040	一轴负	各种颜色，可呈双色或多色	3.06	7~8	无	绿色碧玺包体较少，其它特别是粉和红色碧玺常含大量充满液体的偏平状、不规则管状包体，平行线状包体	猫眼效应，变色效应（稀少）；红、粉红碧玺：有时可见525 nm宽吸收带，451 nm、458 nm吸收线；蓝、绿碧玺：红区普遍吸收，498 nm强吸收带
硅硼钙石 datolite	CaBSiO₄(OH)	1.626~1.670	0.044~0.046	二轴负／集合体	无色、白、浅绿、浅黄、粉、紫、褐、灰	2.95	5~6	无	双折射线，气液包体	
黄黄晶 danburite	CaB₂(SiO₄)₂	1.630~1.636	0.006	二轴晶	黄、无、褐、偶见粉红	3.00	7	一组	气液包体，固相包体	某些可见580 nm双吸收线
磷灰石 apatite	Ca₅(PO₄)₃(F, OH, Cl)	1.634~1.638	0.002~0.008	一轴负	无色、黄、绿、紫、红、褐、蓝	3.18	5~5.5	两组	气液包体，固体矿物包体	猫眼效应；黄色、无色及具猫眼效应的宝石见580 nm双线；具强多色性
红柱石 andalusite	Al₂SiO₅	1.634~1.643	0.007~0.013	二轴负	黄绿、黄褐色、绿、褐、粉	3.17	7~7.5	一组	针状包体，空晶石变种为黑色碳质包体呈十字形分布	三色性强：绿、淡红、褐红可显436 nm和较弱的445 nm吸收线
重晶石 barite	(Ba, Sr)SO₄ Sr < Ba	1.636~1.648	0.012	二轴正	无、红、黄、绿蓝、褐	4.50	3~4	两组完全	往往包体很多，有一些气液两相包体	多色性：无-弱，因颜色异；紫外荧光：偶有荧光，弱蓝或浅绿磷光
蓝柱石 euclase	BeAlSiO₄(OH)	1.652~1.671	0.019~0.020	二轴负	无色、带黄的蓝绿、蓝、绿，通常为浅色	3.08	7~8	一组完全	颜色环带，红或浅蓝色板状包体	多色性：蓝色：蓝灰、浅蓝；绿色：灰绿、绿；468nm、455 nm吸收带，绿区、红区有吸收

续表

宝石名称	主要化学成分	折射率	双折率	光性	常见颜色	密度/(g/cm³)	H_M	解理	内部特征	其它特征
硅铍石 phenakite	Be_2SiO_4	1.654~1.670	0.016	一轴正	无色、黄、浅红色、褐色	2.95	7~8	两组	可含各种包体	极稀少具星光效应;453nm,477nm,497nm强吸收带
橄榄石 peridot	$(Mg,Fe)_2SiO_4$	1.654~1.690	0.035~0.038	二轴晶	黄绿、褐绿	3.34	6.5~7	{010}解理	盘状气液两相包体;深色矿物包晶负晶	550 nm宽吸收带
透视石 dioptase	$CuSiO_2(OH)$	1.655~1.708	0.051~0.053	一轴正	蓝绿、绿	3.30	5	三组完全	气液包体	
孔雀石 malachite	$Cu_2CO_3(OH)_2$	1.655~1.909	0.254	集合体	鲜艳的微蓝绿-绿;杂色条纹	3.95	3.5~4	无	条纹状、同心环状结构	遇盐酸起泡
矽线石 sillimanite	Al_2SiO_5	1.659~1.680	0.015~0.021	二轴正、集合体	白-灰、褐、绿、紫蓝色-灰蓝色	3.25	6~7.5	一组完全	纤维状结构	猫眼效应;410nm,441nm,462nm弱吸收带;蓝色砂线石:强多色性,无色、浅黄和蓝色
煤精 jet	C;含一些H、O	1.66	无	均质	黑、褐黑	1.32	2~4	无	条纹构造	可燃烧、烧后有煤烟味,摩擦带电
辉石 pyroxene 锂辉石 spodumene	$LiAlSi_2O_6$	1.660~1.676	0.014~0.016	二轴正	粉红-蓝紫红绿、黄、无、蓝	3.18	6.5~7	两组完全	气液包体、矿物包体、纤维状包体,解理;弱星光效应(四射星光),猫眼效应	吸收光谱:505nm,550nm吸收线
顽火辉石 enstatite	$(Mg,Fe)_2Si_2O_6$	1.663~1.673	0.008~0.011		红褐、褐绿、黄绿	3.25				
普通辉石 augite	$(Ca,Mg,Fe)_2(Si,Al)_2O_6$	1.670~1.772	0.018~0.033	二轴正	灰褐、褐、紫褐、绿褐黑	3.23~3.52	5~6			
透辉石 diopside	$CaMgSi_2O_6$	1.675~1.701	0.024~0.030		蓝绿-黄绿、褐、紫、无-白	3.29				505 nm吸收线;铬透辉石:635nm,655nm,670 nm吸收线双吸收线

续表

宝石名称	主要化学成分	折射率	双折率	光性	常见颜色	密度 /(g/cm³)	H_M	解理	内部特征	其它特征
翡翠 jadeite, feicui	$NaAlSi_2O_6$	1.666~1.680	—	集合体	白、绿、黄、红橙、褐、灰、黑、紫、浅紫、蓝	3.34	6.5~7	两组完全	星点、针状、片状闪光（翠性），纤维交织结构至粒状纤维结构，固体包体	吸收光谱: 437 nm吸收线；铬致色的绿色翡翠具630nm、660nm、690 nm吸收线
柱晶石 kornerupine	$Mg_3Al_6(Si,Al,B)_5O_{21}(OH)$	1.667~1.680	0.012~0.017	二轴负	黄绿~褐绿、蓝绿、黄、褐	3.30	6~7	两组完全	固体及气液包体，针状包体	猫眼效应，星光效应（罕见）；吸收光谱: 503 nm吸收带
硼铝镁石 sinhalite	$MgAlBO_4$	1.668~1.707	0.036~0.039	二轴负	绿褐~褐黄褐	3.48	6~7	不清晰	可见各种包体	多色性: 中, 浅褐、暗褐；493nm, 475nm, 463nm, 452 nm吸收线
斧石 axinite	$(Ca,Fe,Mn,Mg)_3Al_2BSi_4O_{15}(OH)$	1.678~1.688	0.010~0.012	二轴负	褐、紫褐、紫、褐黄褐、蓝	3.29	6~7	一组中等	矿物包体，气液包体	多色性: 强，紫、粉、浅黄，红褐；吸收光谱: 412nm, 466nm, 492nm, 512 nm吸收线
黝帘石（坦桑石） zoisite (tanzanite)	$Ca_2Al_3(SiO_4)_3(OH)$	1.691~1.700	0.008~0.013	二轴正		3.35	8	一组完全	气液包体，阳起石、石墨和十字石等矿物包体	三色性强:（坦桑石：蓝-紫红-绿黄；蓝、绿-紫-浅蓝；黄绿色:强，暗蓝-黄绿-紫）；595nm, 528nm；455 nm吸收线
符山石 idocrase (vesuvianite)	$Ca_{10}Mg_2Al_4(SiO_4)_5(Si_2O_7)_2(OH)_4$	1.713~1.718	0.001~0.012	一轴晶, 正或负	黄绿、棕黄、浅蓝-绿蓝、灰、白、斑点状色斑	3.40	6~7	不完全	气液包体，矿物包体	464 nm吸收线，528.5 nm弱吸收线

续表

宝石名称		主要化学成分	折射率	双折率	光性	常见颜色	密度/(g/cm³)	H_M	解理	内部特征	其它特征
石榴石 garnet	铝质系列	镁铝榴石 pyrope $Mg_3Al_2(SiO_4)_3$	1.714~1.742	无	均质，常见异常消光	中-深橙红、红	3.78	7~8	无	针状包体、不规则圆状晶体包体和浑圆状晶体包体	564 nm宽吸收带，505 nm吸收线，含铁者可有440nm、445 nm吸收线，优质镁铝榴石可有铬吸收（红区）
		铁铝榴石 almandite $Fe_3Al_2(SiO_4)_3$	1.790			橙红-红、紫红-红紫色调较暗	4.05			针状包体（粗），锆石放射性晕圈；不规则浑圆状低突起晶体包体	四射或六射星光；504nm，520,nm 573nm强吸收带，423nm，460nm，610nm，680~690 nm弱吸收线
		锰铝榴石 spessartite $Mn_3Al_2(SiO_4)_3$	1.810			橙色-橙红	4.15			波浪状、不规则状和浑圆状晶体包体	410nm，420nm，430nm吸收线，460nm，480nm，520 nm吸收带有时可有504nm，573 nm吸收线
		钙铝榴石 grossularite $Ca_3Al_2(SiO_4)_3$	1.740			浅-深绿、浅-深黄、橙红	3.61			短柱或浑圆状晶体包体、热浪效应	铁致绿色的贵榴石（hessonite）可有407nm，430nm吸收带
		钙铁榴石 andradite $Ca_3Fe_2(SiO_4)_3$	1.888			黄、绿、褐黑	3.84			"马尾状"包体	440nm吸收带，也可有618nm，634nm，685nm，690 nm吸收线
		钙铬榴石 uvarovite $Ca_3Cr_2(SiO_4)_3$	1.85			绿	3.75				
蓝晶石 kyanite		Al_2SiO_5	1.716~1.731	0.012~0.017	二轴负	浅-深蓝、绿、黄、灰、褐、无	3.68	4~7	两组	固体矿物包体、解理、色带	多色性（蓝色蓝晶石：中等，无色，深蓝和紫蓝）；435nm，445 nm吸收带；

续表

宝石名称	主要化学成分	折射率	双折率	光性	常见颜色	密度/(g/cm³)	H_M	解理	内部特征	其它特征
尖晶石 spinel	$MgAl_2O_4$	1.718	无	均质	红、橙红、粉红、紫红、黄、无色、褐、橙黄、蓝、绿、紫	3.60	8	不完全	细小八面体负晶，可单个或呈指纹状分布	变色效应；红色：685nm, 684nm强吸收线，656nm弱吸收带，595~490nm强吸收带；紫色：460nm强吸收带，430~435nm，480nm，550nm，565~575nm，590nm，625nm吸收带
水钙铝榴石 hydrogrossular	$Ca_3Al_2(SiO_4)_{3-x}(OH)_4$	1.720	无	均质/集合体		3.47	7	无	黑色点状包体	查尔斯滤色镜下呈粉红至红色；暗绿色：460nm以下全吸收；其它颜色：463nm附近吸收（因含符山石）
塔菲石 taaffeite	$MgBeAl_4O_8$	1.719~1.723	0.004~0.005	一轴负	粉-红、蓝、紫、紫红、棕、无、绿	3.61	8~9	无	矿物包体、气液包体	可有458nm弱吸收带
绿帘石 epidote	$Ca_2(Al,Fe)_3(SiO_4)_3(OH)$	1.729~1.768	0.019~0.045	二轴负	浅-深绿色-棕褐、黄、黑	3.40	6~7	一组完全	气液包体、固体矿物包体	三色性强，绿-褐-黄；445nm强吸收带；遇热盐酸能部分溶解；遇氢氟酸速溶解
蔷薇辉石 rhodonite	$(Mn,Fe,Mg,Ca)SiO_3$、SiO_2	1.733~1.747	—	集合体	浅红、粉红、紫红、褐红	3.50	5.5~6.5	两组完全	粒状结构，可见黑色脉状或点状氧化锰	545nm吸收线，503nm吸收宽带，常有黑色斑点或脉，有时杂有绿色或黄色斑

续表

宝石名称	主要化学成分	折射率	双折率	光性	常见颜色	密度 / (g/cm³)	H_M	解理	内部特征	其它特征
金绿宝石 chrysoberyl	$BeAl_2O_4$	1.746~1.755	0.008~0.010	二轴正	浅-中黄、黄绿、灰绿、褐-黄褐	3.73	8~8.5	三组	指纹状包体，丝状包体，透明宝石可显双晶纹，阶梯状生长面	三色性：弱-中，黄，绿；445 nm强吸收带
猫眼 chrysoberyl cat's-eye					黄-黄绿、灰绿-褐-黄褐				丝状包体，指纹状包体，负晶	猫眼效应，变色效应；三色性弱，黄-黄绿-橙；445 nm强吸收带
变石 alexandrite					日光下：黄绿、褐绿、绿-蓝绿；白炽灯下：橙红、褐红-紫红				指纹状包体，丝状包体	变色效应，猫眼效应；三色性强，绿-橙-紫红；680nm，678 nm强吸收线，665nm，655nm，645 nm弱吸收线，580 nm和630 nm之间部分吸收带，476nm，473nm，468 nm三条弱吸收线，紫光区弱吸收
蓝锥矿 benitoite	$BaTiSi_3O_9$	1.757~1.804	0.047	一轴正	蓝、紫蓝，具环带的浅蓝、无或白色	3.68	6~7	一组	色带，重影	色散强（0.044）；多色性：（蓝色：强，蓝-无色；紫色：紫红-紫）
红宝石 ruby	Al_2O_3	1.762~1.770	0.008~0.010	一轴负	红、橙红、紫红、褐红	4.00	9	无，双晶发育者具三组裂理	丝状物，针状包体，气液包体，指纹状包体，雾状包体，晶体包体，负晶，晶体色带，生长色带，双晶纹	星光效应，多色性强；694nm，692nm，668nm，659 nm吸收线，620~540nm吸收带，476nm，475 nm强吸收线，468nm nm弱吸收线，紫区吸收

宝石名称		主要化学成分	折射率	双折率	光性	常见颜色	密度/(g/cm³)	H_M	解理	内含特征	其它特征
蓝宝石 sapphire		Al_2O_3	1.762~1.770	0.008~0.010	一轴负	蓝、蓝绿、绿、黄、橙、粉、紫、黑、灰、无	4.00	9	无，双晶发育者具两组裂理	色带、指纹状包体、负晶、气-液两相包体、针状包体、雾状包体、丝状包体、固体矿物包体、双晶纹	变色效应、星光效应；多色性强：蓝、绿、黄色；450nm吸收带或450nm,460nm,470nm吸收线；变色蓝宝石具红宝石和蓝宝石蓝色的吸收谱线
锆石 zircon	低型	$ZrSiO_4$	1.810~1.815	0.001~0.059	一轴正	无、蓝、绿、褐、橙、红、黄、紫红	3.90~4.10	6~7.5	无	平直的分带现象，絮状包体	可见2~40多条吸收线，特征吸收为653.5nm吸收线；性脆，棱角易磨损
	中型		1.875~1.905				4.10~4.60				
	高型		1.925~1.984				4.60~4.80			愈合裂隙，矿物包体等，重影明显	
人造钇铝榴石 yttrium aluminium garnet（YAG）		$Y_3Al_5O_{12}$	1.833	无	均质	无色、绿（可具变色）、蓝、粉红、红、橙、黄、紫红	4.50~4.60	8	无	洁净，偶见气泡	变色效应；浅粉色及浅蓝色；600~700nm多条吸收线；荧光：（黄绿色：强绿色，可具磷光，红色：红色，短波下强，长波下弱）红色；玻璃至亚金刚光泽
榍石 sphene		$CaTiSiO_5$	1.900~2.034	0.100~0.135	二轴正	黄、绿、褐、橙、无色	3.52	5~5.5	两组中等	双折射线清晰，指纹状包体，矿物包体，双晶	色散强（0.051）；有时见580nm双吸收线
人造钆镓榴石 gadolinium gallium garnet（GGG）		$Gd_3Ga_5O_{12}$	1.970	无	均质	无色-浅褐或黄	7.05	6~7	无	可有气泡、三角形板状金属包体、气液包体	色散强（0.045）；玻璃光泽至亚金刚光泽
锡石 cassiterite		SnO_2	1.997~2.093	0.096~0.098	一轴正	暗褐-黑、黄褐、黄、无色	6.95	6~7	两组	常见色带，强的双折射线	多色性：弱-中、浅-暗褐；色散强（0.071）

续表

宝石名称	主要化学成分	折射率	双折率	光性	常见颜色	密度/(g/cm³)	H_M	解理	内部特征	其它特征
人造钛酸锶 strontium titanate	$SrTiO_3$	2.409	无	均质	无色、绿	5.13	5~6	无	气泡（少见），抛光差（硬度低）	色散强（0.190）；玻璃光泽至亚金刚光泽
合成立方氧化锆 synthetic cubic zirconia	ZrO_2	2.15	无	均质	无色、粉、红、黄、橙、蓝、黑	5.80	8.5	无	通常洁净，可含未熔氧化锆残余，有时呈面包渣状气泡	色散强（0.060）；吸收光谱因致色元素而异；紫外荧光因颜色差异；亚金刚光泽
钻石 diamond	C；可含N、B、H；I型含N；IIb型含B	2.417	无	均质	无-浅黄、浅褐、云黄、深黄、灰及浅-深的蓝、绿、橙红、粉红、红、紫红	3.52	10	四组完全	浅色至深色矿物包体、云状物、点状包体、羽状纹、生长纹、内凹原始晶面、原始晶面、解理、刻面棱线锋利	热导性；色散强（0.044）；415nm、453nm、478nm吸收线、594nm（辐照及天然彩钻）；日光曝晒后，会发淡青蓝色磷光；X射线下多数发天蓝光；阴极射线下发浅蓝或绿光；IIb型具导电性
合成金红石 synthetic rutile	TiO_2	2.616~2.903	0.287	一轴正	浅黄，可有蓝、蓝绿、橙	4.26	6~7	不完全	强重影（双折射），一般洁净，偶见有气泡	色散强（0.330）；多色性很弱；黄和蓝色在430nm以下全吸收
合成碳硅石 synthetic moissanite	SiC	2.648~2.691		一轴正	无色或略带浅黄、浅绿色色调	3.22±0.02	9.25	无	可有点状、丝状包体，双折射现象明显	色散强（0.104）；导热性强，热导仪测试可发出鸣啭；未见特征吸收光谱或低于425nm弱吸收；亚金刚光泽
赤铁矿 hematite	Fe_2O_3	2.940~3.220	0.280	集合体不透明	深灰-黑	5.20	5~6	无	不可见，外部可见断口	色散弱（0.104）；条痕及断口表面通常呈红褐色

注：集合体解理一般不可见，双折射率一般不可测，此处所标示为单晶矿物的解理和双折射率及光性特征。

附表3　宝石常见的优化处理方法及其鉴定特征

优化处理方法	鉴定要点	优化处理的宝石
热处理	1. 放大检查可见雾状包体，丝状和针状包体呈断续的白色云雾状 2. 可见固体包体周围出现片状、环状应力裂纹 3. 负晶外围呈熔蚀状或浑圆状 4. 产生双晶纹和多沿裂理分布的指纹状包体	钻石、红宝石、蓝宝石、海蓝宝石、绿柱石、碧玺、锆石、托帕石、石英、勘帘石、红柱石、长石、玉髓、萤石、寿山石、琥珀
漂白	有的表面有极细的裂纹	翡翠、珊瑚、象牙
	不易检测	养殖珍珠
浸蜡	1. 表面呈油脂光泽 2. 易熔，可用热针探测	碧玺、方解石、软玉、蛇纹石、绿松石、青金石、孔雀石、珊瑚、象牙
浸无色油	1. 达表面裂隙呈无色或淡黄色反光 2. 长波紫外光下呈黄绿色或绿黄色荧光 3. 热针接近可有油析出 4. 可用红外光谱测定有机物	常用于且多裂隙的宝石，如祖母绿、欧泊、青金石
浸有色油	1. 放大检查时可见有色油呈丝状沿裂隙分布； 2. 达表面裂隙呈有色反光； 3. 长波紫外光下呈黄绿色或绿黄色荧光； 4. 丙酮棉签轻轻拭有有色油析出，受热渗出油和包装纸上有油迹 5. 油干涸后会在裂隙处留下有色染料； 6. 红外光谱测定有机物	常用于颜色较淡且多裂隙的宝石，如祖母绿、红宝石
染色处理	1. 颜色沿裂隙、孔隙渗入，凹坑处色料聚集，有色斑； 2. 紫外荧光异常 3. 表面光泽弱 4. 有的在滤色镜下变红 5. 铬盐染色者吸收光谱可见650 nm吸收带	常用于颜色较淡的宝石，如碧玺、石英、方解石、翡翠、软玉、欧泊、玉髓、石英岩、蛇纹石、绿松石、青金石、大理石、滑石、羟硅硼钙石、天然珍珠、养殖珍珠、珊瑚、琥珀、象牙、贝壳
充填处理	1. 达表面裂隙处有"闪光效应" 2. 流动构造、过厚时有絮状结构 3. 残留气泡，光泽弱 4. 充填物成分结构与宝石不同，可用红外光谱或拉曼光谱等测定	常用于多裂隙的宝石，如钻石、红宝石、祖母绿、翡翠、欧泊、绿松石、孔雀石、萤石、鸡血石、寿山石、珊瑚
表面扩散处理	1. 油浸放大检查，可见颜色在刻面棱线处集中，呈网状 2. 放大检查可见裂纹、凹坑等缺陷的边缘和内部及棱线处颜色富集 3. 内部具有热处理宝石相似的特点 4. 有时折射率偏高；异常的吸收光谱和紫外荧光特征	用于颜色较淡的宝石，如红宝石、蓝宝石、托帕石、碧玺、长石
辐照处理	1. 产生色斑、特殊的吸收光谱 2. 有的在光中或热中褪色	钻石、猫眼、蓝宝石、碧玺、托帕石、石英、长石、方柱石、锂辉石、方解石、绿柱石、萤石、养殖珍珠
激光钻孔	1. 放大可见宝石内部白色的管状物 2. 有到达宝石表面的通道	钻石
覆膜处理	1. 有时有薄膜脱落、锐器可划 2. 有时光泽异常 3. 有时有两个不同界面 4. 两种不同的包裹体特征存在于内部和表层	钻石、绿柱石、长石、翡翠、欧泊、滑石、鸡血石、寿山石、贝壳、玻璃、坦桑石、水晶

附表4　宝石常见的合成方法及鉴定特征

方法	鉴定特征	常见的合成宝石
焰熔法 （维尔叶法）	1. 颜色过于纯正艳丽 2. 弧形生长纹 3. 内部气泡，未熔残余物 4. 二色性可能异常 5. 合成尖晶石内部洁净，偶见弧形生长纹、气泡	合成红宝石、 合成蓝宝石、 钛酸锶、 合成尖晶石、 金红石
助熔剂法	1. 助熔剂残余（面纱状、纱幔状、网状、束状、球状、微滴状、小滴状） 2. 可呈三角形、六边形铂金属片 3. 硅铍石晶体（合成祖母绿） 4. 均匀的平行生长面；红宝石可有糖浆状纹理 5. 红宝石可有彗星状包体；蓝宝石可有指纹状包体 6. 查尔斯滤色镜下可能变红 7. 红外光谱：无水吸收峰 8. 吉尔森型合成祖母绿具427 nm铁吸收线，无荧光	合成绿柱石、 合成红宝石、 合成蓝宝石、 合成祖母绿、 合成金绿宝石、 合成尖晶石、 YAG
水热法	1. 树枝状生长纹，色带 2. 钉状包体或无色透明的纱网状包体，渣状包体 3. 平行线状微小的两相包裹体，平行管状、针状两相包裹体 4. 硅铍石晶体（合成祖母绿） 5. 金属包裹体，可为金黄色 6. 无色种晶片 7. 可有方向与种晶板成直角应力裂隙 8. 红外光谱：水热法合成红宝石在3800~2800 cm^{-1}范围有明显吸收 9. 合成祖母绿钉状包体（"钉头"为硅铍石晶体，"钉尖"为气-液两相包体） 10. 合成水晶在偏光镜下检查缺乏巴西律双晶、火焰状双晶	合成水晶、 合成祖母绿、 合成红蓝宝石、 合成海蓝宝石
提拉法	1. 内部可有针状包体 2. 可有气泡、气液包体 3. 可有三角形板状金属包体 4. 弯曲生长纹	合成变石、 合成红宝石、 合成蓝宝石、人造钇铝榴石、人造钆镓榴石、合成尖晶石
区域熔炼法	1. 内部可有气泡 2. 漩涡结构	合成变石
冷坩埚法	通常洁净，可含呈面包渣状的未熔氧化锆残余，气泡	合成立方氧化锆

参考文献

[1] GB/T 16554—2010.

[2] GB/T 16552—2010.

[3] GB/T 16553—2010.

[4] GB/T 18781—2008.

[5] 张蓓莉 主编·系统宝石学. 北京：地质出版社，2006：83 - 96.

[6] 李耿，陈沛如，蒋志伟. 玉石的和谐文化初解. 中国宝玉石，2011,02：158 - 159.

[7] 李耿，陈佩如，吕丽欢. 珠宝首饰日常佩戴的安全性因素. 中国宝玉石，2011，01：76 - 77.

[8] 李耿，陈佩如，吕丽欢. 发掘传播玉文化促进玉器营销. 中国宝石，2010，03：117 - 119.

[9] www.minsocam.org